さくら舎

まえがき

猫を飼ううえで、「このようなことをしてください」という本はたくさんあります。実用書というカテゴリーの本は、どれほどためになるかでその本の力量が示されます。

この本は、猫にしてはいけないことをわたしの経験から語ったものです。いかに積み上げていくかという従来の考え方から、逆にいらないものを排除して本当に必要なものだけを残すという手法を取りました。

いまや猫の飼育に必要なアイテムと知識、そして医療はマックスに達し、飼い主は「やらなければいけないこと」を両手に持ちきれない状態で猫と暮らしています。

猫の慢性腎不全、喘息、アレルギー、肥満、便秘、ＩＢＤ（炎症性腸疾患）、膵炎とがん、これらはすべて慢性病であり、猫をもっとも苦しめている病気でもあります。

これらの問題について何が正しいのか、何が必要なのか、もはや人から教えてもらって、ただ従う時代は終わったと思います。これからは、一人ひとりが自分で自分の猫のために的確な判断をすることが求められています。

ここに書かれた「88の常識」が、猫に起きているどんなことを語っているのか。それを読みとっていただくことで、読者のみなさんと猫が新しい世界に進んでいけることを、獣医師として望んでいます。

わたしは猫の専門医になって25年の間、猫のことだけを考えて仕事をしてきましたが、猫だけを診ても社会を見なければ、猫も人間も幸せにはなれないことが、少しずつわかってきました。

混沌としたこの社会のなかで、猫として人間として生き抜くためには、少しばかりの勇気と知恵が必要です。

この本が、その手助けになることを願っています。

キャットホスピタル院長
南部美香

目次◆愛ネコにやってはいけない88の常識

愛ネコにやってはいけない88の常識

1 猫が音を立てて歩くときは何か異変があります

猫は音もなく歩く動物です。その猫がフローリングの床をカチカチと音を立てて歩いていたら、何かが起きていると思わなくてはなりません。

音の原因は爪です。爪が床に当たって音を出しているのです。

猫は爪を出したり引っこめたりできますが、通常歩くときには引っこめていて、出すことはありません。犬のように爪が床に当たる音を出すことはないのです。

もし音がするようなら、老齢や何らかの問題で、爪が伸びて巻いてしまっている指があるか、あるいは爪が引っこまない神経的な問題が起きているのかもしれません。

1本の指から音がすれば巻き爪、すべての指からだったら神経の問題です。

巻き爪であれば、爪を切ることで問題は解決するのですが、なぜ巻き爪になってしまったか、その原因までさかのぼれるとよいでしょう。

あまりにも老齢のため、自力で爪をはがせなくなったということも考えられますが、そこまで老いぼれていないとすれば、甲状腺機能亢進症の疑いがあります。

甲状腺ホルモンは生体に活力を与えるホルモンですが、それが出すぎると、体にいろいろなトラブルを起こすようになります（↓１２６、１２９ページ）。これが、甲状腺機能亢進症です。爪が異常に早く伸びるという現象も、このホルモン過剰に関係していることがあります。

すべての爪が引っこまないとなると、人間でいえば指の先が痺れるとか、感覚があまりないというように、神経に何か問題が起きていることになります。糖尿病における末梢神経の不具合も考えられます。

そんな場合は、体重は適正か、食べているものに糖質が多く含まれていないかなどのチェックをしなければなりません。

もし、歩く音がドスンドスンという音でしたら、それは太りすぎの証拠です。

2 猫の爪を切ってはいけません

人間同様、猫も定期的に爪を切らなくてはいけないと思っている人が多くいます。しかし、猫にとって爪を切られるという行為は尋常なものではありません。

そもそも、猫の爪は人間の爪とちがって何枚もの層になっていて、下から新しい爪がつくられて、上の爪がはがれると現れるというカートリッジ式です。**爪は自然にはがれますし、猫が前歯で噛んで取ることもあります。**

ですから、**猫の爪は切ってあげなくてもいい**のです。

ほとんどの猫は、爪を切られることを嫌います。もしまちがえて神経と血管のある部分まで切ってしまうようなことがあれば、大変な痛みを感じます。足を触らせることすら二度としなくなるでしょう。

わたしの患者さん、つまり患者猫の飼い主さんにも律儀に爪を切りつづけた人がいますが、年々猫は嫌がるようになり、とうとう触るだけで怒るようになりました。

また、病院へ爪切りを依頼しに来た別の飼い主さんは、爪切りのおかげで猫との関係が悪くなり、いまは近寄るだけで怒るようになってしまったといいます。爪を切らなくてはいけないと思って泣く泣くやっていた行為が、猫を人間不信にしてしまったという悲しい話です。

わたしは、飼い主さんに猫の爪について聞かれると、無理して切ることはないと話しています。「たとえ切ったところで、下から現れる新しい爪は先が尖っていて同じことですよ」と。

それでも、どうしても切らないと心配だという人には「猫が寝ているときに先のほうだけちょっと切ってください」と話し、くれぐれもたくさん切らないように警告しています。

ただ、どうしても人間が切らなくてはならない例外もあります。老齢になって自分で爪がはがせなくなり、爪が曲がって自分の肉球に食いこむようになったときです。

さすがに食いこむまでには時間もかかりますので、爪の状態をふだんから見ておけば気づくことができます。そんなときにチェックしたり、爪切りしたりできるように、若いときは無理に嫌がる爪切りをしないほうがよいのです。

3 猫の嫌がることは避けましょう

飼い主を含め、猫を扱うすべての人にこの言葉を送りたいと思います。**猫は怒れば人間より強くなります。**

パニクるとかキレるとかいろいろ言い方はありますが、猫がそうなったら、相手が誰であろうと見境なく飛びかかるでしょう。そうなったら、人間に防ぐ手立てはありません。

猫が怒る前兆は「シャー」という警戒音を鳴らすことです。これは、嫌なことをされたときに発する黄色信号のようなものです。この信号は日常生活のなかで、爪を切る、毛玉を取る、薬を飲ませる、注射をするなど、医療も含めてあらゆるシーンで発せられます。嫌いな人が近くに寄るだけで威嚇(いかく)することもあります。

猫の攻撃性は、犬のそれとは異なるもので、防御反応から起こります。猫は「もう防御が利かない」と判断すると、起死回生の攻撃にまわるのです。それはまさに捨て身の反撃であり、命を守ろうとしている行動と理解するべきです。「窮鼠猫を噛む」といいますが、追いつめられれば攻撃に転じるのは猫も同じです。

ただ、そういう攻撃が突然起こるわけではありません。**ちゃんとしぐさを見て、嫌がることをしないようにすれば、かんたんに防げます。**人間は飼い主も含めて、猫をコントロールしようとしがちなのですが、それもほどほどにしておかなければならないでしょう。

「猫は小さな犬ではない」とキャットドクターの創始者アメリカ・シカゴのドクター・バーバラは言いました。それまで猫は犬と区別をされておらず、病気になっても犬にするのと同じ治療を施されていたのです。しかし当然ながら、猫と犬はちがいます。猫は犬のようにしつけもできませんし、降参もしません。怒ったときには、やられるくらいなら一太刀浴びせて死んでやる、くらいの意気があるのです。

関係者のあいだで内密に処理されるため、あまり外に出る話ではありませんが、このように猫が攻撃的になる事態は、動物病院やペットのトリミング店、または来客時の家庭でよく起こります。

家庭で起こる悲劇は、人見知りの猫をどうしても触りたい来客が被害を受けるというもの。せっかく逃げて隠れている猫を、追いかけまわして抱っこしようとする猫好きなお友だちが、大変な目にあいます。

猫が嫌がることはしないように、くれぐれもご注意ください。

4 耳掃除に綿棒を使ってはいけません

猫の耳の汚れが気になるという飼い主は多くいるようです。猫自身は気にしていないようですが、たしかに、猫の耳の穴付近は黒くなっていてべっとりしています。

「掃除してあげたほうがいいですか」

よくそう聞かれますが、わたしは、

「してもいいですけれど、綿棒だけは使わないでください」

と念を押しています。

この黒い汚れは、耳の穴から分泌される脂(あぶら)が黒くなったもので、それ自体は病気ではありません。

猫には、耳の穴の入り口から1センチくらいまでに、脂を分泌(ぶんぴつ)する腺(せん)があります。ここから分泌された脂は出口に向かって移動していき、見えるところで黒くたまるのです。

外耳炎（がいじえん）で耳道（じどう）に炎症が起きて分泌物で耳が汚れるのとはちがい、この黒いものは正常な耳で出てくるものですから、とくに何もする必要はありません。ただ飼い主によっては、人間のように綿棒を耳の穴に入れて掃除しましょう、という方がいます。

これはとてもよくないことです。というのも、出てくる黒い脂を耳の穴の奥に押しこんでしまうことになるからです。

押しこまれてしまった脂はもう自然に耳の外に出てきません。この脂が次第にたまって耳の穴自体をふさいでしまうこともありますし、新たな炎症を起こして、本当に外耳炎を起こすこともあります。

近頃は人間においても、耳鼻科医が「綿棒での耳掃除を勧めない」と言うようになり、「耳の掃除はしてはダメだ」という医師まで現れています。

わたしは**猫の耳の汚れが気になるなら、湿らせたコットンで指を使って拭く**ように話しています。それでも汚れが多くて気になるようなら、病院で耳鏡を使って耳の穴を見るので、連れてきてくださいと話します。

汚れは気になるものですが、その意味を理解せず、よかれと思ってやったことで、逆に悪くしてしまうのも困ります。

猫の耳道はよくできていて、分泌した脂が耳の中に入ったほこりや異物をくっつけて、耳の外に運んでくれているのです。

人間の耳の穴には、猫のように脂を分泌する腺の多い人と少ない人がいます。日本人の場合は、脂の出ない乾性耳（かんせいみみ）の人が7割ぐらいですが、西欧人は9割が脂耳（あぶらみみ）だそうです。

猫の場合、脂が出るタイプが10割なので、耳に関しては西洋寄りなのかもしれません。

5 猫から出る黒いツブツブを気にしてはいけません

猫の顎（あご）にはたくさんの皮脂腺（ひしせん）があります。そこから分泌された脂が乾燥して黒くなり、顎の下の毛にくっついて、顎が黒くなっている猫がよくいます。これは、人間でいうニキビのようなもの。**顎が黒くなる症状は「アクネ」といいますが、病気ではないので心配はいりません。**目の細かいフリーコームで、黒くなった脂のツブはきれいに取れます。もちろん、このツブツブは自然と落ちることもあります。こんなエピソードがありました。

ある日、お薬を取りに来た飼い主さんがラップに包んだ黒いツブツブを持ってきたのです。

「うちの子の体から落ちたものだと思うのですが、こんなものが寝ているところにあって、これはいったいなんでしょう」

猫から出てくる黒いツブツブと聞いて、いちばん最初にわたしの頭に浮かんだのは蚤のフンでした。

猫に蚤が寄生すると、猫の寝床によく蚤のフンが落ちていることがあります。よく見ないとわからないほど小さなものですが、色が黒いのが特徴です。蚤は猫の血を吸うため、フンは濡れた紙の上に置くと血液の色素が広がってにじみ出てきます。

もっとわかりやすいのは、オキシドールをかける実験。それが蚤のフンであれば、泡が立ちます。これはオキシドールが血液に触れた反応で、まさに傷から泡が出るのと同じです。

そのおうちの猫は室内飼育で外には出ていませんから、蚤に寄生されることはないはずです。しかし一戸建てなので、ひょっとすると家の中に外の猫が入りこんできて、蚤の卵を落としていった可能性がないわけではありません。

蚤の卵は、目で確認するには難しいほど小さく、床に落ちれば気がつくことはなく、2〜3日もするとそこから幼虫が孵ってゴミの中に入りこみ、成長して蛹となります。この蛹もごく小さく、まわりのほこりを使ってつくられるので、見た目はそのまま「ほこり」なのです。その蛹の中から蚤の成虫が飛び出してきます。蚤の生活環は卵から成虫まで約1カ月で、冬になると蛹のまま春になるのを待ちます。

さて、この黒いツブツブにオキシドールをかけてみましたが、泡は出ませんでした。

「蚤のフンではありませんね」

わたしの言葉に飼い主さんは安心したような、納得のいかないような表情で
「ではなんなのでしょう」

と聞きます。

「ただのゴミかもしれません、蚤のフンでないことだけはたしかなのでご安心ください」

と答えました。

この方は、しばらくするとまたラップに包んで黒いツブツブを、今度はたくさん持ってきました。

「こんなに落ちているのです」

わたしはもう一度オキシドールをかけてみましたが、やはり泡は出ません。

「やはり蚤ではなさそうです、ひょっとすると顎に黒いものがついていませんでしたか」

「そうなんです、そのことも聞こうと思っていたのです、顎の下の黒いものはなんで

しょう」

黒いツブツブは、アクネから出た脂だったのです。

6 太っている猫をかわいいと思ってはいけません

ふつう、肉食動物が太っているということは、まったくありえないことなのですが、猫が太っている事実は世間的には好意的に受け取られています。太った猫はかわいいと思われているからです。ただ、「太っている」という事実は、感覚的なものと医学的なものでは大きく異なります。

人間の場合、異常な肥満体は別として、ぽっちゃりとした女性は芸術の世界においても美しいと評価されてきました。マティスやルノワールに見る女性像は柔らかい曲線が美を象徴しています。

同様に猫の曲線美も美しく、とくに太ってまるまるした猫は、美しさに加えてかわいらしく思えるのですが、よいことばかりではありません。

太っているということは、脂肪がついているということです。体重三キロぐらいの猫が四キロになったら、脂肪が一キロついたこととなります。六キロともなったら、もう一匹分の重さが脂肪になって体に巻きついていることになります。

脂肪自体が猫に何か悪さをするのかというと、まあそこまで心配することもありませんが、体が重くなると動きづらくなるので、運動不足となります。動かないとまた太る、そしてもっと動かなくなる……と、不健康の坂を転がり落ちていきます。

脂肪のつく原因は糖質の摂りすぎです。体の中でブドウ糖に変化した糖質は、余ると中性脂肪に変化します。血液中の中性脂肪は脂肪組織となり、蓄えられます。

蓄えること自体は否定しませんが、自分の体重と同じだけ蓄えるのはどうかと思います。そして**何よりもいけないのは、糖質の摂取過剰によって血管の内皮にダメージが加わってしまうことです。**

脂肪がついているのは見てわかることですが、血管のダメージは外から見てもわかりません。でも太っている猫では、それはジワジワと、確実に起きていることなのです。

芸術の世界で美を語るとき、「マティスとピカソ、どちらが好きですか?」という問いがあるそうです。ふくよかな女性を描くマティスと、ピカソの描く女性を比べて論ずるのですが、わたしはどうしても体型より血管のほうが気になってしまいます。

7 猫のトイレには気をつけねばなりません

猫のトイレの砂といえば、昔は本当に砂を使っていたようですが、いまは「猫砂」という名のいろいろな素材が使われています。紙、木屑（きくず）、おから、シリカゲル、ベントナイトなど、新しい素材が次々と登場し、だいぶ「出そろった」感があります。どれがいいのかという問題ですが、飼い主はそれぞれの長所短所により、使う砂の素材を決めているようです。

わたしは**いちばん衛生的であるということを目的として選べば、鉱物系がよい**と考えます。有機物を原料としたものは軽いため、購入して持ってかえるのも楽ですし、捨てる際も可燃物として処理しやすいのですが、衛生面ではどうしても鉱物系に劣ります。使用後に一回一回捨てれば衛生面はよくなりますが、それではコストがかかりすぎるでしょう。

鉱物系のベントナイトはモンモリロナイトというものが主成分で、このモンモリロナイトはいま注目の素材です。

意外なことに、医薬品にも使われているほど安全なので、その部分では毎日使っても心配がありません。

使うとわかるのですが、とにかく水をよく吸収します。つまりオシッコを吸収して、そして固まるのです。**こうしてできた塊は猫の健康状態を観察するのにも役に立ちますし、オシッコの塊の個数と大きさで尿の量を知ることもできます。**いつもより尿の回数が少ないのも、量が多かったり少なくなったりすることも、個数と大きさで判断できるのです。

この情報は、日々の健康をモニターする意味でとても重要です。

猫の泌尿器に何か問題があれば、オシッコの量と回数に変化があります。膀胱炎を起こすと尿意が頻繁に起こるため尿の回数が増えますが、全体の尿量は変わりませんので、一つひとつの尿の量は少なくなります。視覚的には、小さな塊がたくさんできるということになります。

逆に大きな塊が一日に1つだけ出るということもあり、こちらは膀胱のアトニー（弛緩）や間欠的な尿道閉鎖が示唆されます。

猫砂は飼い主にとっての簡便さで決まることが多いのですが、手間を惜しんで病気の兆候を見逃すともっとやっかいなことになり、手間を惜しんだ甲斐がなくなってしまいます。

8 猫のウンチとオシッコには重要な意味があります

猫はトイレに砂を入れてあげると、オシッコやウンチを埋めてくれます。室内で猫を飼う人間にとって、誠に好ましいことです。教えられるわけでもなく、子猫の頃から砂を用意すれば自分でちゃんとする。「なんとお利口なんでしょう」と褒めるのですが、なぜ猫がオシッコやウンチを砂に埋めるのかは、誰にもよくわからないのです。

外に出る猫は、野外で用をたすことでしょう。たとえ室内にトイレを用意しても、使わないことがほとんどです。ましてやオス猫となると、家の中で用をたすなんてまずありえません。

猫が自分の排泄物を土に埋めるのは、その気配を隠すためだと考えられています。

野外に出るオス猫は、ほかの猫たちに自分の存在を主張します。主張のしかたとしては「前足の爪研ぎ」と呼ばれるマーキングがありますが、もっと強烈なのは、「スプレー」という尿を吹きつける行為です。

これは排尿とはちがう意味をもっており、オシッコを少しずつ要所要所にかけて自分の存在をアピールします。昔の暴走族が壁にスプレーで何かマークのようなものを描いてまわっていたのに少し似ています。

そういった売り出し中のオス猫は、フンもわざわざほかの猫がよく通るような場所にして、そのまま去っていきます。この行為はかなり強烈です。フンはオシッコのスプレーよりも長くとどまり、周辺の猫への挑戦状となります。

つまり、用をたすと砂に埋めるという行為は、人間にとって歓迎されるべき行為ですが、猫たちはそれを「あまり自己主張しません」というふうに受け取ります。

爪研ぎが猫にとって表札をかけるようなことだとすれば、ウンチやオシッコを目立つところに放置する行為は、選挙に立候補してポスターを貼りまわるようなものです。

人間だって、ふつうの人は表札はかけても、自分の名前と顔の写真をあちらこちらに貼りつけるなんてことはしません。もし、室内飼いの猫がトイレ以外に用をたすようなことがあれば、病気も疑いつつ、自己主張を始めたのかもしれないと思わなくてはならないでしょう。

9 コロコロウンチは体調不良です

猫のウンチの話をしましょう。猫のウンチを砂から掘り出してみて、どのような印象を受けますか。丸いウンチがいつも4個あるとか、3個あるなんていう個数で表現してはいないでしょうか。

わたしがウンチのことを聞くと、飼い主さんは「毎日3個です」とはっきり答えることがあります。ウンチに砂がつくでもなく、そのままコロリとスコップで取り去る作業には、何も疑問が湧かないかもしれません。取りやすいし、猫も元気だし、くさくないし、「健康なんだわ」と思ってしまいます。

でも、猫のウンチは鹿みたいにコロコロの粒状なのでしょうか。

本当のウンチは粒状ではありません、やはり**塊**（かたまり）**で長さがあるものがふつうで、粒状のウンチは古くなったウンチと解釈していい**のです。

食べものは小腸ではドロドロですが、結腸に入ると水分の吸収が始まります。やがて大腸の最後の部分の直腸に達するとウンチは完成し、排便されます。

このときのウンチは、直腸のサイズで一塊になって出てきます。砂の上に落とせばまわりに砂がつくくらいの水分の量があり、コロコロというものではありません。

ではウンチがコロコロするというのはどういうことなのでしょうか。

ウンチが完成してもそのまま直腸になんらかの理由でとどまると、さらに水分の吸収が起きます。ウンチは水を吸われて縮んできます。そしてさらに時間が経つと、割れるようになってくるのです。

そうやって出てきたウンチは粒状でコロコロとしています。

ですから**コロコロウンチは、2日以上前にできた、古いウンチ**なのです。

では、古いコロコロしたウンチながら毎日出ているということはどういったことなのでしょう。

「便秘をしているのです」と言うと、「でも毎日出ていますよ」と言われてしまいそうです。しかし結腸にはウンチがいっぱい詰まっていて、往々にして5日分ぐらいのウンチがたまっていて、毎日押し出されるように少しずつ出ているという状況です。

つまり5日前につくられたウンチが今日出てくるわけなのです。

これは海まで達した氷河の断端が、少しずつ崩れては海に落ちていくイメージです。海に落ちた氷は遥か昔に降った雪で、時間を経て圧縮され硬くなり、少しずつ移動して海に達します。

コロコロウンチも壮大な自然のドラマのようですが、要はただ、便秘をしているのです。

10 便秘で薬に頼ってはいけません

高齢な猫が増えてくると、どうしても排便のトラブルも増えてきます。排便のトラブルといえばほとんど便秘なのですが、これは治したくても「はい治りました」という類(たぐい)のものではありません。**便秘は治すというよりも、うまくコントロールするものだと思ってください。**

ひどい便秘で苦しむ状態の猫を医療で助けることはできますが、便秘を根本から治すことは、たぶんできません。獣医は「治りましたよ」ではなく「はい出しましたよ」としか言えないように思います。

食べて出すことは日常のことですし、便秘を医療で100%カバーしようと考えると、時間もお金もかかるどころか、かえって事態を悪くしてしまうことになりかねません。

飼い主は「ウンチが出にくいようだな」と思っても、まだ少しは出ているからとか、食欲はあるからと先延ばしにして自然に出るのを待つ人が多いのですが、そうしているうちに、たいていはウンチが出なくなってしまうというところに行きつきます。そこから病院に行って処置をするよりも、いまできることをやるというほうが、猫にとってはよいのです。

いまできることということで、**家庭で飼い主が行う「浣腸（かんちょう）」はとても有効な手段です。**市販の小児用のものを使ってもかまいませんし、グリセリンを買ってきて水で半分に薄めるのもいいでしょう。

メス猫の場合でも膣（ちつ）とお尻の穴さえまちがえなければ誰にでもできるというところが、浣腸のいいところです。そして浣腸は、「ウンチが出にくいようだ」「ウンチが硬いしコロコロしている」という段階でしてこそ意味があります。

人間が便秘で病院に行くと、やはりお医者さんは「浣腸は自分でしてくださいよ」というスタンスです。飲み薬をいろいろ出してくれますが、いわゆる下剤といわれる塩類瀉下薬（しゃげやく）はお腹が痛くなります。それに効きすぎると洪水のようになってしまうので、人間ならまだしも、猫に使うには加減が難しい薬です。使ううちにだんだん効きにくくなるという特徴もあります。

薬としてではありませんが、オリーブオイルのような植物油をエサに入れるというのも有効です。食物繊維でも、不溶性繊維は消化されないので、水を吸収してふくれ、便の「カサ」が増えます。ですから、さらにひどい便秘になってしまうので、あまり有効ではないと思っていますが、可溶性繊維の寒天をうまく使えばよいと考えています。

11 猫の歯磨きは「猫にパジャマ」です

人は「歯のトラブルを避けるには、一にも二にも歯磨きです」と、歯科医に言われます。歯についた食べかすと細菌を物理的に取ることが虫歯の予防には大切だということは、いまや誰しもが知るところとなり、日本中の人が歯を磨いています。

「それでは猫も歯を磨かなくては」というのが昨今の流れです。しかし獣医としては、いまの猫の口腔状態の悪さが、歯磨き運動で解決できるとはどうしても思えません。

「うちの子も歯を磨いたほうがいいですか」

よく飼い主さんから聞かれます。

「できるのなら磨いてもいいと思いますが、できますか」

と聞くと、

「できません」

即答されます。

わたしも猫を飼っていますが、歯磨きだけはできませんし、毎日それが続けられるとは、到底思えません。世の中には猫の歯磨きグッズが出ていて、獣医師推薦なんていうものもありますが、ペーストをつけてブラシで磨いて……は遠い夢のように思えてしまいます。

それでもわたしが知るなかにひとり（猫と飼い主さんの一組）だけ、歯磨きができる患者猫がいて、その子は電動歯ブラシのごく小さいもので、毎日歯磨きをしています。動画を見せてもらって、これはすごいと思い、同じ道具をほかの人にも勧めてみましたが、残念ながら同じようにできたのは、おひとりしかいませんでした。

獣医の立場としては、**毎日磨く苦労をしなくても、歯石がたまったら超音波スケーラーで取ればいい**と思ってしまいます。人間だって毎日磨いているうえに、定期的に歯医者で歯石の除去をしているのですから。

世の中の猫の飼い主が決してできないことを知りながら、これほど歯磨きに興味をもつのには、何か意味がありそうです。おそらくですが、病院に行って歯のことを獣医に指摘されれば、麻酔をかけて歯石を取らなくてはならないからではないでしょうか。

飼い主さんは猫に麻酔をかけることを嫌います。ですから家で磨こうとするのです。たまにたくさん歯石のついた猫を診察するのですが、「取りましょう」と話すと、「いまから歯磨きしてもダメですか」と言われたりします。

「歯石は硬くてブラシでこすっても取れません、超音波スケーラーで砕いて取るくらいですから」

と答えますが、なかなか飼い主さんのほうから「取ってください」とは言わないものです。

アメリカにいたとき「猫にパジャマ」という言葉があると聞いたことがありました。「意味がない」ということを表しているらしいのですが、「猫に歯ブラシ」も加えてもいいかもと思います。

12 猫の学習能力は自分がしたいことだけに発揮されます

犬と猫のいちばん大きなちがいは、しつけができるか否かです。しつけというと訓練を連想しますが、訓練はしつけが高度になったもの。訓練をすると、ものを取ってきたり、高い塀を越えたり、ときには人を攻撃することもできるようになります。

しつけという感覚は人間にも共通することで、たとえば「子どもをしつける」というと、何かを我慢させることから始まります。

動きたいのを我慢する、食べたいのを我慢する。子どもの頃はまさに我慢の連続ですが、我慢という訓練を続けることで我慢の限界も上がり、初歩的な我慢では苦痛も感じなくなります。

勉強を我慢と考えると我慢は忍耐に変わり、忍耐ができるようになれば驚くべき難問も突破できるようになるのです。

わたしたち人間は、それがしつけから始まることを知っています。だからしつけをとても大切にするのです。犬もしつけができる動物として、人間のよき友となります。対して、猫はいったいなんなのでしょうか。登るなと言ってもテーブルには登るし、来いと言っても来ない。マイペースと呼ぶにはちょっと度が過ぎます。

犬をしつけるときにはご褒美をあげたり褒めてあげたりすることが大切で、いくら犬でもそうしないとしつけはできません。人間もひょっとするとそうなのかもしれませんが、その一方で猫は、褒めたからといって何かしてくれるわけではないし、ご褒美を食べさせてもうれしがるようすもありません。そのうちに猫にしつけをしようという気持ちはすっかり失せて、好きにしてくださいという気分になるのです。

しかし、**猫は学習する能力があります。その学習能力は「自分が行いたい目的」を達成するために使われます。**

扉の向こうへ行きたいと思えば何度も試行錯誤をくり返し、ドアのハンドルを下ろして扉を開けることを学びますし、障子も少し穴を開ければ、そこから破くことができることを知ります。

しつけができないのにどうしてそんなことができるようになるのか不思議なのですが、そのあたりは芸術家と似ているのかもしれません。

13 猫にしつけは無用無駄です

猫としつけの関係がしっくりいかないことは、なんとなくわかっていたのですが、猫を訓練させるとなると、その目的も方法も余計にはっきりしません。

ずいぶん前のことですが、ロシアから来た猫のサーカスというのが話題になりました。耳に入ってはいたのですが、はじめはそれほど興味が湧きませんでした。

しかし、世界的に有名な女優さんの推薦文にあった「猫たちは訓練されているのではなく、自分たちから進んで楽しんで芸をしているのです、このサーカスは猫に芸を強制させていません」というフレーズで一気に興味が湧き、見に行くことにしました。

その頃わたしは、動物にエサをやって操り、芸をさせるサーカスを見るのがなんだかつらくなってきていました。また自分がいままで見てきた、イルカやシャチのショーや、カーニバルで乗ったゾウの背中を思い出すと、素直に楽しかったと言えない自分がいました。

それが、このサーカスでは猫たちが自分から楽しんでやっていると聞いて「そうなのか」という思いが湧きあがりました。「みずからの興味のおもむくままに生きる猫ならありえる」と解釈したのです。

そこでさっそく、最前列の席を取って見に行きました。ところが、猫たちは何か動いたり、立ち上がったりするたびにエサのようなものをもらっているのが見えます。芸をさせる人間はその場面をうまく帽子で隠して、さっと猫に何か食べさせているのです。

エサは人間が肩に手をやると出てくるようになっていて、何気なく肩に手をやるたびに新しいエサを持っているようです。最前列かつ斜め横から見る席だったせいで、そのようすが手にとるように見えてしまいました。

舞台が終わる頃には、わたしのテンションはすっかり下がってしまい、残念な気分で家までまっすぐ帰りました。

昔から猛獣使いという芸事がありました。それはライオンやトラ、シャチのように、ガブリとやられたら人間がおしまいになる動物を、自由に操るスリルを売り物にしています。それは例外なく、**エサでコントロールする、つまり訓練により服従させる**という形式をとります。しかし、そのショーをやる側の言い分としては、そこには動物とトレーナーの信頼関係と友情が存在するというのです。

しかし、ラスベガスのホワイトタイガーショーやフロリダのシーワールドでは、トレーナーがショーの中で大けがをしたり死亡したりしています。そしてどちらのショーも、いまは終わってしまいました。

わたしは両方ともアメリカにいたときに見ているので、いまでは微妙な思い出となっているのですが、猫のサーカスで、さらにダメージを受けるとは思いませんでした。

14 猫は飼い主の話を聞いていると思わなければいけません

猫が、飼い主が電話で話している内容を理解しているようだ、という話を聞きました。まさかと思うのですが、こういうことです。

わたしの病院は予約制なので、飼い主さんは日時を決めるために電話をしてきます。その人は、

「今日は、時間空いてますか、それではその時間に伺います」

と話したそうなのですが、その内容を知ってか知らずか、猫はどこかにもぐりこんでしまい、行方をくらましてしまったというのです。探しても探しても見つからず、とうとう予約をキャンセルしたら、どこからか出てきたといいます。

たしか、そのときはワクチンの予約だったと思います。

その人はこう言います。

「うちの子は絶対に、わたしが先生と話している内容を知っています」

猫が詳しい内容を知っていて「今年もワクチンか、やだな」と思って逃げたのかどうかはわかりませんが、少なくとも、飼い主のただならぬ気配を汲みとったことは事実でしょう。

また別の日、その人は、今度は会社から押し殺したような声で電話してきました。「家からかけるとあの子に気づかれるので会社の電話でかけています。来週の土曜日にワクチンに連れていきたいのですが」

ちょっとしたスパイ映画のようですが、猫がどこかで聞いていないとも限りません。

本当に言葉が通じているかどうかはわかりませんが、**猫は飼い主の心情を読みとる能力には長けている**と思います。人間と暮らす生きものである犬も同じです。

犬も猫も、人間が悲しんでいるときにスッと寄ってきてくれるという話はよく聞きますし、日曜日に出かけようとして支度をするとついてまわって邪魔するとも聞きます。

それは**言葉というよりも人間の態度で察しているのだと思いますが、たしかに彼らに悟られないようにするのは大変**です。

例に挙げたように、病院へ行くときに飼い主があれこれ準備をしはじめると、どこかに隠れてしまう猫はけっこういます。さあ出ましょう、というときに猫が見つからないと困るので、直前まで着替えないで家にいるように装って、だましてキャリーケースに入れ、病院へ来る人もいます。

とにかく察するほうがすごいのか、察せられるほうが未熟なのか、猫と飼い主の攻防は続きます。

もっともすごい猫は、土曜日の朝、飼い主がパジャマを脱いだだけで察するらしく、その飼い主さんは家を出る直前までベッドでゴロゴロして、出かけることを偽装する演出をするそうです。

その人は一度、それはパジャマかと思う格好でわたしの病院に来たことがあり、そのときの状況を、のちにこう語っています。

「悟られずにキャリーケースに入れたら、呼んだタクシーがもう来てしまったので着替えることができなかったのです」

そのときのタクシーの運転手さんが、パジャマ姿で猫を連れたお客さんの深い事情を理解していたとは思えませんが、帰りのタクシーはどうしたのかが気になります。

15 毛玉は小さいうちに取り除かなければいけません

毛の長い品種の猫には、ほぼまちがいなく毛玉ができます。毛玉はわたしたちが着るウールのセーターにもできますが、そんな小さなものではありません。脇の下や首まわりにできはじめ、問題はそれがどんどん大きくなるということなのです。

毛玉ができる猫は長毛(ちょうもう)です。しかも長毛の猫にはその毛の質にも特徴があります。そこに毛玉のできる秘密があるのです。

どういうことかというと、羊で説明するとわかりやすいでしょう。

本来の羊は2種類の毛から構成された被毛(ひもう)をもっています。短くて密な下毛(したげ)は保温性が高くセーターをつくるのに向いています。しかしいちばん外をおおう、硬く太い外毛(そとげ)はセーターには向いていません。つまり、下毛だけが長くて、しかもどんどん伸びてくれれば、人間にとってはうれしいわけです。そういうわけで、羊はいまはそんなふうに品種改良されています。

羊たちは一年に1回、人の手で丸刈りにされますが、そうしなくてはならない理由があるのです。それは、そのまま毛が伸びつづければ全身が毛玉となり、動くこともままならなくなる、ということです。

たまに海外のニュースで、牧場を逃げ出して行方不明になった羊が何年かぶりに帰ってきたが、枝と葉っぱと毛玉におおわれてひどい状態だったという話があります。

家の中で飼われている長毛猫は、葉っぱこそつきませんが、まさにこれと同じ状態となります。毛玉猫は動くたびに毛玉に毛が引っぱられて痛みを感じますし、身づくろいもできません。こうなるといくら櫛(くし)を通そうにも歯が立ちませんし、痛がるだけでお手上げです。飼い主の手には負えませんので、動物病院でバリカンを使って丸刈りにするしかありません。場合によっては、麻酔を使う必要も出てきます。

とにかく毛玉ができたら小さいうちに取り除かなくてはなりません。先延ばしにすれば、事態はもっと困難な状態になるだけなのです。

毛玉を取り除くときは、はさみを使わないようにしましょう。皮膚ごと切ってしまうことがままあるからです。**なるべく音のしないバリカンで、猫を怖がらせないようにしてあげるのが安全です。**

16 人間の風邪薬は絶対にいけません

これはいろいろな本にも書かれていることですが、**人間の風邪薬を小さくして猫に飲ませることは、絶対にしないでください。**

わたしは、実際に猫に風邪薬を飲ませたという事例は経験したことがないのですが、なぜダメなのかを知っている飼い主はそれほど多くないでしょう。風邪薬の主成分は解熱鎮痛薬ですが、猫にこの類の薬を使うことは禁忌とされているのです。

その理由は、**猫には肝臓で行われる解毒作用のひとつ、グルクロン酸抱合という作用がない**ことが挙げられます。そのため猫は、解熱鎮痛の主成分であるアセトアミノフェンやイブプロフェンを十分に無毒化することができず、それらが肝毒性を残したまま体内に存在します。それによって、重篤な肝障害を起こすのです。

これが風邪薬を飲ませてはいけない理由ですが、ネコが口に入れてはいけないものは、風邪薬ばかりではありません。**あらゆる化学物質は苦手な生きものと考えたほうがいい**でしょう。肉食動物はそういった生きものなのです。

わたしたち人間は運動能力が低く、進化する過程で肉以外にもいろいろなものを食べていかなければなりませんでした。ネコ科の動物のようにほかの動物を食べて命を繋ぐのではなく、食べられそうなものなら草でも種でもネコの残したものでも食べて生きてきたのです。そう考えると、なんだか、みじめな感じがしてきます。

ネコがデパートのレストランフロアでステーキを食べているとしたら、人間はデパ地下一階で試食だけして一食分の食費を浮かせている人のように思えます。毒性のあるものも含めてなんでも食べられるわたしたちは、猫の目には「なんでも食べるのね」と見えているのかもしれません。

食性を見ても猫にはどうも気おくれしてしまいますが、逆にグルクロン酸抱合のおかげでいろいろなものを食べられると思えば、少しは気も落ちつくというものです。

孤高の生きものの猫ですが、化学物質には弱いのです。そういう意味で、人間のそばにいてくれればこそ、何か化学物質による問題がわたしたちの環境に起きていることを警告してくれるのではないでしょうか。毒に強いといっても、人間だって無敵ではありませんし、人間はさらなる毒を便利な化学物質として発明するかもしれません。

17 白髪を染めてはいけません

人間同様、猫も年を取ると白髪(しらが)になるとしたら、年寄り猫はみんな白猫になるはずですが、そうなるわけではありません。ただ黒猫の場合、黒い毛に白い毛が混じりはじめて、飼い主から「これは白髪なのかしら」と質問されることがあります。

医学的にはなんというのか、色素が抜けた毛としか言いようがありませんが、猫もそうなるのは事実のようです。

どのへんの毛が白くなるとは言えませんが、顔のあたりの黒い部分が白くなっていくと、いままでのイメージとずいぶんちがってきます。

はじめから白い猫を見て年寄りだと感じることはありませんが、黒い猫が白くなっていくと、飼い主も時間の流れを感じるのか感傷に浸(ひた)るようになります。

クロちゃんという黒猫を飼っているご婦人は、いつも身なりが素敵で、髪も決まっています。ただ白髪が出ているのが気にかかっていて、黒く染めることをこまめにしていると言っていました。

でも**猫の白髪はいくら気になっても染めるわけにはいきません。**すると、猫を毎日見て、自分も老いはじめていることを自覚しなければならなくなってしまったのです。

久しぶりにわたしの病院を訪れたご婦人は、いままでの黒髪が素敵なシルバーの髪になっていました。「見ちがえました」というわたしに、

「クロちゃんにならって髪を染めるのをやめました」

と晴れ晴れしてお話しされるさまには、猫と自分のお互いの老いを認めて進もうという決心の程が見えたように思いました。

わたしたち人間がどのくらいの時期に老いを自覚するのかは人それぞれだと思いますが、認めたから老いるのではなく、また老いたから認めなくてはならないのでもないことを、このご婦人は飼い猫に教わったのだと感じました。

ご本人もシルバーの髪を気に入っているようで、「評判いいんですよ」と笑っていました。

18 猫が人間を噛み殺すことはありません

飼い猫に噛まれた傷が元で亡くなった人がいるというニュースが時折流れてきます。こういったニュースを見ると、猫を飼っていない人にとって、猫は死神のような存在となり、猫を飼っている人は自分の猫が毒猫なのかという不安に襲われることでしょう。

ただ、「傷が元で」といっても、別に猫に噛み殺されたわけではないのです。

飼い猫がトラでない限りそんなことは起きませんが、愛する飼い猫が何かの拍子に噛み、傷ができて、そこから病原菌が入って死に至ったということなのです。

このような悲劇が起こるには、ふたつの要因が必要です。

ひとつには飼い主の免疫が何かしらの理由で低くなり、菌に対する抵抗がほぼない状態であること、もうひとつは、猫の口の中にパスツレラという化膿菌が存在しているということです。

パスツレラは化膿を起こす嫌な細菌ではありますが、猫の口の中にいるときは猫に悪さをしないといわれています。

猫同士のけんかで、相手を噛んだ猫の口の中にこの細菌がいたとします。噛まれた猫はそのときは大丈夫でも、一週間ほどすると皮膚の下が膿みはじめて「アブセス」という膿疱(のうほう)をつくります。猫は熱が出たりする感染症状態を起こしますが、やがて膿疱が破けて膿が出ると、回復に向かうのです。

人間が猫に噛まれても同じようなことが起きますが、傷を消毒して、それでも腫れるようならお医者さんから抗生剤を投与してもらって対処すれば、大ごとにはならなくて済むでしょう。ただ免疫の低い状態、糖尿病の患者であるときには、傷が小さくても早めに医師の診断を受けてください。

すべての猫の口の中にパスツレラ菌がいるわけではないのですが、飼い猫であれなんであれ、猫に噛まれるような事態になることは避けたいものです。

飼い主さんのなかにも、薬を飲まそうとして噛まれたという人がいます。少し腫れたぐらいで済んだとか、病院へ行ったとか報告を受けますが、基本的には猫が噛むくらい嫌がることは避けるべきで、薬を飲ます行為にしても強引にするのはよくありません。わたしの処方した薬を猫に飲ませようとして、それが原因で飼い主さんが死んでしまったりしたら本当に困ります。

ですから、まず猫の口の中はデンタルケアをしてきれいにし、飼い主さん自身も免疫をしっかりと保てる健康状態にしていただきたいと思うのです。

19 ドライキャットフードだけを毎日食べるのはいけません

巷（ちまた）には数々の加工食品が売られています。ハンバーグやシチュー、カレーなど馴染みのある食べものが、冷凍されたりレトルトで温めるだけで食べられる調理不要の状態で保存されたりしています。便利なうえにおいしいので、どうしても頼りがちになってしまうことでしょう。

でも心の底には、加工食品ではなく、自分でつくらなくてはいけないのにという声があって、買うたびに葛藤（かっとう）することもあるのではないでしょうか。

加工食品のいちばんの問題は、保存料を含む添加物です。食品添加物は法律上使っても問題のないものが使用されていますが、あるかないかを考えれば、ないほうがいいに決まっています。そんな消費者の心のうちを知っているのか「食品添加物無使用」という表示のある加工食品も多く見受けられるようになりました。

食品添加物には、保存状態をよくするものやお肉などの発色をよくするもの、酸化を防ぐものなど、食品の安全を保つためではなく、見た目をよくしたり魅力的な味にしたりするために使われているものもあります。生活のうえで避けて通ることができないとはいえ、取りすぎには注意しなくてはなりません。

猫のエサには、そんな加工食品の王様ともいえるものがあります。ずばり、ドライキャットフードです。

魚味やビーフ味などバリエーションもあり、猫は大変喜んで食べてくれます。価格も納得できますし、買い置きもできてとても便利です。

でも、安全につくってあるといっても、本当に毎日食べてもいいのでしょうか。ふと疑問が湧きあがっても、獣医師の推薦があったり、まわりを見渡してそれを食べさせつづけているという話を聞くと、そのような疑問も不安も消えていってしまいます。

「喜んで食べているし、まあいいか」

ということになるのです。

わたしも先代の猫には長い間ドライフードを食べさせていましたが、そのような疑問は封印していました。自分の子どもにはなるべく加工食品を食べさせないようにしてきましたが、その理屈を猫に当てはめなかったことには、不思議な感じを覚えます。

食べてはいけないものではなくても、**毎日それだけ食べているというのは、やはり問題です。**

20 とくにオス猫には ドライフードを食べさせてはいけません

猫といえばキャットフード、そしてキャットフードといえばあのカリカリを連想することと思います。

カリカリこそがドライフードです。「ドライフード」は「ウェットフード」に対する呼び方で、水分の含有量が2％くらいしかなく常温で保存できることから、管理の容易なエサとして多くの人が猫に食べさせています。

ウェットフードと比べると、缶詰を開けて中身を皿に盛って空き缶を捨て、猫が食べたら皿を洗ってという一連の作業がなく、カラカラっと入れて終わりということで、忙しい人にはもってこい。

しかし、とくに**オス猫にドライフードばかり食べさせていると、高い確率で尿の中に結晶ができて、最悪の場合は尿道閉鎖を起こして死んでしまう**という事態になります。これは下部尿路症候群（かぶにょうろしょうこうぐん）と呼ばれますが、この病気は猫という生物が元来もっている病気ではなく、ドライフードを食べることによって水分不足で起こる「ドライフード病」であることがわかっています。

オス猫に比べ、メス猫は尿道が太いので結晶が詰まらず、流れます。

ただオスでもメスでも、**ドライフードを食べるときは、食べたドライフードの量に対して十分な水を飲ませるという基本的な原則を忘れないでください。**もしドライフードを一日50グラム食べたら、水を150cc以上は飲まなくてはなりません。しかし本来猫はあまり水を飲みません。いくらたっぷり置いても、100ccも飲まない猫も多いのです。

ふつうに考えると、のどが渇いたら自分で飲むだろうと思うでしょう。しかし、猫は食べものから水を得ることで砂漠で生きる、リビアヤマネコの生態を受け継いでいます。ですので、乾きものを食べて、その分水を飲むという考え方は適していません。したがってドライフードを食べる猫は、脱水こそしませんが、生きるのに最低ラインの水しか摂らずに生きていくこととなり、便秘になったり、結晶ができたり、とにかく調子がいいとはいえません。

これは、倒産こそしないのですがいつも資金繰りに困っている会社みたいで、健康的ではありません。そのうちに尿道閉鎖を起こして死んでしまったら、水不足という悲しいことで倒産したことになります。

本当はドライフードを水に浸して食べさせればいいのかもしれませんが、なかなかそうする人はいません。ドライフードの利便性が一気に失われてしまうからです。

これから飼い主がドライフードとどう付き合っていくかは、猫の未来を考えると大きな問題です。

21 猫は自由に水を飲めると思ってはいけません

生きものであれば、どんな生きものも好きなだけ水が飲めると思うことでしょう。

しかし前述したとおり、猫という生きものはあまり水のない環境で過ごすリビアヤマネコの子孫ですので、目の前に水があっても、それを飲むことが苦手なのです。

ではどうやって水分を摂るのかというと、生の獲物から摂っています。

おもに小さなネズミのような生きものを食べるのですが、ネズミの体は80％は水分です。ですので、ネズミを１００グラム獲って食べればそこから80グラム、約80ccの水を手に入れることができます。

体重が3キロくらいなら、１００ccの水分で生きていけます。仮にまったく水がない環境でも、一日にネズミを１２５～１５０グラム獲れれば生きていくことができます。

ですから、猫が警戒して一日中どこかに入りこんでいたとしても、水を飲まずに過ごすことができます。

水が少ない環境で過ごすことを強いられたリビアヤマネコは、水を体の中でリサイクルすることのできる丈夫で強靭(きょうじん)な腎臓をもっています。

腎臓は、血液をろ過してそのなかから老廃物だけを取り除き、尿にして体の外に捨てます。そのため、老廃物といっしょに水も捨てることになります。この猫の尿は、人間に比べて格段に濃い組成となっています。**ろ過されてつくられた原尿から、さらに水を再吸収して水のリサイクルを図っている**のです。

ドライフードを食べている猫は、当然水を飲まなくてはなりません。ドライフードは乾燥していて水分はわずかしか含まれていないからです。飼い主もいくらでも飲めるように、用意はしています。

しかし、本来食べものから水を摂っている生きものにとって、乾燥したものだけを食べてその分水をたくさん飲むということは、できなくはなくても、つらい行為です。

したがって、**尿の比重は限界まで上がり、さまざまな結晶を尿中につくりだしてしまう**ことになります。

22 好きなだけドライフードをあげてはいけません

「猫かわいがり」という言葉はいつの頃からあった言葉でしょうか。猫をかわいがっている表現ではなく、猫をかわいがるように人間が人間をかわいく思うしぐさを表した言葉です。猫のようにかわいがる、というと意味が深く、猫をかわいがる人は人間以上に猫をかわいく思うという人もおり、どれほどのことをいっているのか想像ができません。

もしかしたら「人間はあまりかわいがって甘やかすとろくなことがないので、適度な厳しさが必要であるが、猫はそうしなくてもいいので思いっきりかわいがる」ということなのかもしれません。

たしかに人間はやっかいです。かわいいからといって何でもかんでも思いどおりにさせてよいとは思えません。

厳しいといえば、会津藩（あいづ）の教えに「十の掟（おきて）」というものがあり、「ならぬことはならぬものです」と最後に締めています。とにかく理屈抜きで「ダメなものはダメなんだよ」と突きはなすのですが、なぜダメなのか解説も入れていただきたいものです。

反対にといってはなんですが、「犬かわいがり」という言葉はありません。犬こそ好き放題にさせたら大変なことになります。吠えやまない犬、来客に嚙みつく犬、飼い主のいうことを聞かない犬、このような犬のトラブルはすべて「しつけ」という行為が不十分であることから起きます。犬は人間以上にしつけが重要であることがわかります。

その点、猫は、しつけができません。しつけなくてよいとなれば、もう「猫かわいがり」してしまうのも無理はありません。

こたつを用意するのも、クーラーを効かせた部屋でくつろがせるのもかまいません。ふかふかの布団を敷いてあげたっていいです。でも、**ほしがるからといってドライフードを好きなだけ食べさせてはいけません。**甘やかしてはいけないのは、この1点だけです。というのも、目の中に入れても痛くないほどの猫が、太りすぎて目に入らなくなるからです。

23 フリーズドライの肉は必ず水で戻さなければなりません

猫はネズミを食べる生きものなのに、なぜか乾きものが好きで、食べはじめると止まらなくなるようです。猫の乾きものといえばドライフードが代表的ですが、最近はキャットフードとして乾燥肉が出てきています。そのなかでもフリーズドライにした肉は新しいキャットフードとして注目を集めています。

これはお肉そのものですので、栄養的には申し分ありませんし、保存が利くところも魅力です。しかしドライフードとちがって、そのまま食べさせていいわけではなく、水につけておかなければなりません。そして乾燥肉は、なかなかすぐには水を吸いません。一晩くらいかかってしまいます。

こうなると、出してすぐ食べるというスピーディさには欠けます。そこで「まあいいや」とそのままあげてしまうと、じつは猫は喜んで食べるのです。

飼い主はそのうちに水につけておくことを忘れてしまい、猫は毎日「ドライな」食事をするようになります。

乾いたままでも胃の中でふやけるだろうと思うかもしれませんが、なかなかそういうわけではありません。フリーズドライの肉は、乾いたまま胃の中にとどまり、腸まで進みます。胃の中には最長6時間くらいしかとどまりませんので、その時間ではまだ十分に水を吸いません。一部は乾いたまま、腸を移動します。ふつうの食べものは移動中に消化されていくのですが、**フリーズドライの肉は消化されず、そのまま大腸まで達してしまいます。**

「フリーズドライの肉は水につけて十分に吸わせてから食べさせてください」とパッケージには書いてありますが、そのわけはこんなところにあったのです。

フリーズドライの食品は、お味噌汁などと同じように、お湯をかけたらすぐに元に戻るイメージがありますが、そうではありません。生肉を売りにしているので、お湯をかけては意味がなく、じっくりと水につけます。この時間をかけることが大切なのです。

さて、わたしが診たなかでフリーズドライの肉をそのまま食べていた猫は、大変な便秘になってしまいました。自力で出せないため、〝鎮静をかけて〟*肛門から便を取り出そうとしたのですが、硬く固まって砕けません。けっきょくこの猫は、煮凝り(にこごり)だけを食べて3日間過ごし、便が柔らかくなるのを待ちました。

なぜここまで手こずったのかは、猫の状態にもよるところがあったのでしょうけれども、**フリーズドライの肉をそのまま食べると便秘を引き起こす**ことだけはわかったのです。

＊臨床の場合、「鎮静をかける」（鎮静剤を打つ）、「麻酔をかける」（麻酔剤を打つ）などという言葉を使います。

24 猫に糖質をあたえてはいけません

糖質は小麦や米などの穀物にたくさん含まれるもので、体の中で酵素によって分解されると、最終的にはブドウ糖になります。

ブドウ糖は細胞を動かすエネルギーとなります。つまり筋肉を動かし、脳を働かせます。なくてはならないもの、いままではそう考えられてきました。

「三大栄養素」という言葉があります。これはタンパク質、脂質、糖質のことです。しかし本当に糖質は栄養素なのかという疑問が科学の世界でもちあがってきました。人間であるわたしたちが、あまりにも糖質に馴染みのある食生活を送っているので忘れがちなのですが、穀物というのは植物の種です。そして発芽するためのエネルギーとして、糖質をもっています。種は、根が伸びて葉が出て自前でエネルギーを得るまでの間に必要な糖質を蓄えています。

その種を食べるということは、大変なエネルギーを得ることになります。人間が穀物を食べるようになったのはつい最近のことで、５０００〜６０００年前にさかのぼります。しかし人間は、その前に穀物なしで10万年以上も暮らしていました。たとえば、マグロも穀物は食べません。自分より小さな魚を食べます。小さな魚も、自分より小さな魚やプランクトンを食べます。牛や馬も、穀物は飼料としてあたえられるかもしれませんが、草を食べるのが本当の食生活です。ライオンもトラも、穀物は食べません。

しかし、猫はキャットフードを食べることで糖質を摂っています。はたして糖質は、猫にとって必要なものなのでしょうか。

猫が体を動かすためのエネルギーとしてブドウ糖は必要です。そして糖質を摂れば、ブドウ糖となり体に取りこまれ、エネルギーとして働きます。

しかし**猫は、糖新生といって、タンパク質からブドウ糖をつくり出す経路が本当の代謝です。そのため、食事から糖質を摂る必要はない**のです。

必要がないのに糖質を摂ると何が起こるかというと、肥満になってしまいます。タンパク質を摂って糖新生をしていれば高血糖にはなりませんが、糖質を摂ると、糖質は直接のエネルギーですので高血糖になります。するとすかさずインスリンというホルモンが分泌されブドウ糖を体内に取りこみます。そして余ったブドウ糖は中性脂肪となり、蓄えられて肥満になるのです。

これは人間にも起こることですが、肉食動物に糖質を摂らせることは、焚き火にガソリンをかけるようなもので、健康上危険極まりないことなのです。

25 猫にドッグフードをあたえてはいけません

実際に、猫にドッグフードを食べさせる人がいるかどうかわかりませんが、猫にドッグフードをあたえてはいけないということには、医学的な根拠があります。

ドッグフードとキャットフードを飼料としてみるとわかることなのですが、猫は肉食動物なのでとにかく動物性のタンパク質が必要な生きものです。対して、犬は雑食動物ですので、もちろんタンパク質も必要ですが、その必要量が猫とはちがいます。

猫の食べものとしてはタンパク質が乾燥重量で30％は含まれていないと、通用しません。一方、ドッグフードに含まれるタンパク質は20％ほどです。

つまり、**猫がタンパク質を20％しか含まないドッグフードを食べつづけたとしたらタンパク質不足となり、栄養失調で死んでしまう**ことになります。たとえカロリー計算がうまくいっていたとしても、タンパク質がたりなければ生きていけません。

そういうわけで、猫にドッグフードをあたえてはいけないといわれるのです。もちろん1回や2回食べたところで具合が悪くなるとは思えませんが、よいことではありません。

ちなみに、飼料は家畜に食べさせるエサのことで、家畜にとって健康問題を起こさず、成長して肥育できるという目的を達成させる食べものです。それは経済性や、栄養学を駆使して考えつくされた製品といえます。

犬も猫も肉だけを食べていてもいいのですが、キャットフードにもドッグフードにもタンパク質以外に糖質や脂質を入れてつくってあるのには、経済的な理由がありま す。経済的理由というのは、本来は肉そのもののほうがよいことはわかっているのですが、コストの面を考えて穀物を入れ、カロリーとしての辻褄(つじつま)を合わせているということです。

26 猫はドライフードだけでは満腹感を得られません

猫といっしょに寝るというのは、寂しがりやな人でなくても望ましく、とくに寒い日は温かい猫がそばにいてくれると、どれほど幸せか、言葉にならないほどです。

そんな幸せとは反対に、飼い主が眠りにつくとなぜか起こしに来る猫が、じつは多くいます。せっかく寝ようとしたのに起こしに来る猫、本格的に寝入ったあたりで起こす猫、朝方まだ眠いのに起こす猫、どれをとっても迷惑にほかなりません。

共通する飼い主の疑問は「なぜ起こしに来るのだろう」ということですが、朝を教えに来たのではないことは、まだあたりが真っ暗なことからもわかります。

「ひょっとしてお腹が空いたのかしら」

そう思ったりしますが、夜にご飯を食べているので、朝まで待てないということもありえないと思うのです。

人間だって、寝ているときに一度起きて何か食べる人はあまりいないはずです。それでも猫があんまりうるさいので、寝ぼけまなこでドライフードを少し出してみると、喜んで食べます。

「ああ、そういうことね」と納得してまた眠りに戻るのですが、それがあまりにも頻繁に起こると、夜中にお腹が空くのは何かおかしいと思うようになります。

「寝る前に食べさせているのに、なんだか変だ」ということになり、それでも起こされたくなくて、ドライフードを皿に入れて眠ることになります。

毎朝4時に起こしに来る猫の飼い主は、自動給餌器（きゅうじき）を使って、4時になるとドライフードが出るようにセットしたりします。

わたしも、この「夜中に食べたくなる猫」の行動を不思議に思っていました。そんな猫に食べたいだけ食べさせれば、一日中食べつづけてしまいます。すると過体重になり健康も損なわれてしまいます。飼い主にとって、寝ているときに起こされることは苦痛ですが、猫の健康も大切。どうしたらよいのか悩むところです。

わたしはドライフードをあげている飼い主さんに、お肉を食べさせるように10年くらい前から話しているのですが、ある飼い主さんは「ドライフードをやめたら夜中に起こしに来なくなった」と報告してくれました。

太っていた猫が痩せて、夜もゆっくり寝てくれるようになって、本当の幸せがやってきたようだと話していました。

なぜ、ドライフードを食べさせている猫が夜中に起こしに来るのか、不思議ではあったのですが、**食べても食べても満足できない精神的な部分がある**ように思います。

それをお肉が満たしたのならば、それはタンパク質の存在にほかならないのではないでしょうか。

27 猫ならば肉を食べるというのは当たり前ではありません

キャットフードを常食にしている猫にも、ときには肉を食べさせるべきです。なぜなら肉は、猫にとっては本来の食べもので、キャットフードはあくまでも肉の代用食だからです。代用食であるということを認識したうえであたえるのと、それがすべてであると思って食べさせるのでは、ずいぶんちがいます。

わたしたち人間も、加工食品に囲まれ、それを利用しながら生活の便宜を図っていることは言いようのない事実です。しかしだからといって、手作りの食事をまるで食べないというのでは困ります。外食はおいしいですし、コンビニの弁当も食欲をそそると思いますが、材料から食事をつくることも大切です。

このようなことを猫の飼い主にお話しすると「でも、ゆでたお肉は食べないんです」と言われることが多々あります。

肉を食べない猫なんていないと思っていましたが、実際はかなりいます。「うちの子は肉を食べない」と言われると返す言葉もないのですが、変なことだと思うしかありません。**そういう猫も、いずれお腹が空けば肉を食べるようになりますが、それには時間がかかります。**

おそらくですが、猫は食べものを食べる前にはまずにおいを嗅いでから食べますので、肉のにおいが受け入れられないのでしょう。

このことについて、わたしは少し思い当たることがありました。たしかに肉といえども、**生ではない状態のものは、猫にとってはそれもまた不自然な加工状態ではないか**ということです。

肉食動物が肉を食べるといいますが、その肉は常に生であり新鮮であるということが条件なのではないでしょうか。火を通してある肉は、わたしたち人間にとってはおいしく食べられます。でも肉食動物にしてみれば、加工された、それこそ焼け死んだ動物の肉のように感じても不思議ではないかもしれません。自然界では焼けたり煮たりされた動物はいないでしょうし、それを食べるという感覚ははじめはわからないのでしょう。

そう考えると、生肉からほど遠いキャットフードを猫が食べるということは、とても不思議なことと考えなければなりません。

わたしにはそのしくみはわかりませんが、推測するに、猫が食べたいと思うようなにおいがするのだと思います。

そのにおいの秘密はメーカーのみぞ知るところなのだろうと思いますが、肉食動物の鼻をごまかすくらいですので、相当の知恵なのでしょう。

しかもキャットフードしか食べないという猫をつくり出してしまうのですから、ちょっと恐ろしさすら感じます。

28 ある種のキャットフードに未来はありません

キャットフードは、その誕生から半世紀の時を経て、今後どのようなものになるのでしょうか。

じつはキャットフード離れは一部の猫の飼い主から始まっており、すでにキャットフードの欠点が表(おもて)に出かかっています。それでも、まだ多くの飼い主がキャットフードを使っているのも事実です。

キャットフードのメーカーはほとんどが大きな企業で、船にたとえればタンカーのようなものです。ですから、急に止まったり方向を変えたりすることは、たぶん難しいと思います。

しかし小さいながらも、糖質の含まれていない、生肉になるべく近い成分のキャットフードをつくるメーカーが出はじめています。

新しいキャットフードは生肉を殺菌したものであったり、冷凍であったり、フリー

ズドライであったりしますが、猫の食事の基本である「生肉」の条件を守っています。

ただ、生産コストはいままでのキャットフードに比べてかかりますので、市販の値段は高くなると思います。現在アメリカで売られている生肉キャットフードは7ドルくらいですので、一日分の食費は1ドルくらいでしょうか。生肉キャットフードが日本に入ってくるかどうかはわかりませんが、もし入ってくることになれば、多くの猫たちが慢性疾患にならないですむとわたしは思っています。

それまでの間、日本の猫の飼い主には、低温調理したお肉を猫にあたえることをお勧めしたいと思います。とくにキャットフードを食べていて太っている猫にはお勧めで、その効果は4カ月以内に出ます。また、低温調理した肉は育ち盛りの子猫にも最適で、しっかりとした筋肉質の体がつくれます。

保存が利いて安価で、さっと食べさせられるドライフードと比べると手間もかかり、忙しく働いている人には不向きでしょう。ただ、これからは飼い主には選択肢が必要です。いままでのキャットフード一択からせめて二択になったことで、新しいキャットフードの登場を待つ準備ができると思っています。

これからは昆虫食も含めて、動物性のタンパク質を利用した手頃なキャットフードが猫の元に届けられるでしょう。

それがそんなに遠くない日であることを祈りながら、わたしは自分の猫たちに肉をゆでています。

29 猫に人間の加工食品をあたえてはいけません

加工食品といえばハム、ソーセージ、チーズ、豆腐、はんぺんなど、昔からある保存性のよい、もしくは加工することで味をよくするための食品があります。保存性をよくするために使われていたのは食塩です。塩分濃度を高めることで、細菌の繁殖を抑えて保存が利くようにしました。

第二次世界大戦が終わる頃から化学的合成品の添加物が食品に使われるようになり、加工食品の幅はグッと広がることになります。

この頃はまだキャットフードはなく、猫たちは小動物を獲ったり人間から食べものをもらったりして暮らしていました。

次第に猫たちがもらう食べものが化学的添加物の入った加工食品に変わっていくと、猫の健康に問題が起きはじめました。それに気づき**「猫に人間の化学的添加物の入った加工食品をあたえてはいけない」と警告を発した獣医師がいました。**

化学物質を肝臓でうまく分解できない猫のことをよく知っていたのだと思いますが、彼の警告は長すぎたのか、伝わるうちにだんだん短くなって「猫に人間の食べものをあたえてはいけない」となってしまいました。

化学的添加物の問題を警告したはずなのにそれが抜けてしまうと、人間の食べものから動物性のタンパク質をもらいつつ生活していた猫の長い歴史さえ否定しかねません。

そこにドライキャットフードが登場すると、人々はこれこそが猫の理想の食べものであると認識しました。

わたしが子どもの時分には、いまでは使用禁止になった添加物がずいぶんと使われていたようで、知らないうちにいろいろなものが体に入っていたことでしょう。いまでこそ自然食品という言葉が流行っていますが、あの当時は化学的なものを食べることで、より元気になれるイメージすらありました。

人工食品といえるのかわかりませんが、マツタケのような味とにおいのするものや、メロンと同じ味のジュースなどを思い出す方もいらっしゃるでしょう。メロンなんて高級で食べられなかった子どもにとっては、夢のような人工ジュースでした。

30 筋肉をつくるにはタンパク質を忘れてはいけません

筋肉はタンパク質でできていて、生きものが動くためになくてはならないものです。

さて、その筋肉ですが、一度できあがれば勝手に維持できるわけではありません。「動く物」と呼ばれる動物は、筋肉があるからこそそう呼べます。

筋肉はある一定の期間が過ぎると壊れて新しい筋肉がつくられます。つまり**分解と新生をくり返すのですが、これをプロテイン・ターンオーバー・サイクルといいます。**

筋肉の新生には、栄養源であるタンパク質が必要で、これは当然食べることによって補われます。プロテイン・ターンオーバー・サイクルが一定の時間を保っていれば、ふつうに食べていれば筋肉は補われます。

このサイクルが速くなってしまうと、筋肉の新生をしょっちゅう行わなくてはならなくなります。そのためにはより多くのタンパク質を摂らなくてはならないことになります。

伊勢神宮の社殿は20年ごとに建てかえます。ふたつ同じものがあって交互に建てかえるのですが、この20年のサイクルが10年になったり、5年になったりしたらどうでしょうか。新しい木材をもっと確保しなくてはならないことになります。サイクルが短くなったことで、必要な木材の確保ができなくなるようなことになると、そっくり同じ社殿が建てられなくなります。屋根の一部がなかったり、柱がたりなかったり、必死で建てても、材料不足には勝てません。

これが、猫の筋肉で起こると筋肉が痩せる状態になります。手足の筋肉が少なくなって、ついには歩くこともままならなくなるのです。

猫は年を取ることにより、プロテイン・ターンオーバー・サイクルが速くなるといわれています。見た目が痩せてきたのは、筋肉の分解が速すぎて新生が追いつかない状態ともいえます。

筋肉新生のためには代謝促進のプロテインが必要です。そして老猫ほどきちんとタンパク質という栄養素を摂らなければならない理由はそこにあります。

現在20歳を超える猫たちも数多く見られますが、その猫たちのほとんどはとても痩せています。長生きには筋肉の維持が大切で、プロテイン・ターンオーバー・サイクルを速めない鍵が見つかれば、老化を防ぐことになるかもしれません。

31 猫にはタウリンが必要です

タウリンは、アミノ酸の仲間で、肉に多く含まれています。化学的な合成タウリンと天然タウリンに分けられますが、食べもののなかに含まれている天然のタウリンは熱に弱く、煮たり焼いたりすることで壊れてしまいます。

猫には必ずタウリンが必要です。なぜ必要かというと、体の中でつくることができないからです。これがないと、体は大変なことになります。

たとえば人間がビタミンCを食べものから摂らないと壊血病という病気になってしまうことがわかっていますが、**猫もタウリンがないと網膜の病気や心臓の病気になってしまう**のです。なぜそのようなことがわかったのかというと、これはキャットフードの歴史とかかわっています。

キャットフードができた頃、キャットフードに使われる動物性のタンパク質は殺菌のため高温で処理されていました。このことにより原料の肉に含まれていたタウリンは、ほとんどなくなってしまいました。

しかし、猫のタウリン欠乏症に対する知識がなかったので、そのキャットフードを製品として出荷します。

そのうちにキャットフードを食べつづけた猫の心臓に異常が認められるようになりました。いままで人間の余りものを食べたり、ネズミを獲ったりしていた猫にはなく、キャットフードを食べる猫に起こっているという事実から、キャットフードにタウリンが含まれていないことがわかりました。そして、猫にはタウリンが必要な栄養素であるということもわかりました。

大変な失敗からスタートしたキャットフードですが、合成のタウリンを添加することで猫をタウリン欠乏症にさせないことを学んだわけです。

人間の壊血病も、大航海時代に長い船旅で新鮮な果物や野菜を食べられないことにより、船員が血が止まらない病気に次々とかかり、航海に支障をきたした経験から、ビタミンCの欠乏は壊血病を起こすことがわかったわけです。その後は酢に漬けた野菜や柑橘(かんきつ)類を積んで航海するようになりました。

猫は肉を食べない状態でタウリンの欠乏が起き、人間は何ヵ月も海の上で暮らすことでビタミンCの欠乏症になることが証明されたのですが、それがわかるためにはずいぶんと犠牲を強いられたものです。

32 活性酸素と糖質には気をつけなければなりません

「酸化」とは酸素と何かの物質が結びつくことです。鉄が錆(さ)びる状況を連想していただけるとよいかと思います。鉄と酸素が結びつくと、鉄とは別物の「錆(さび)」になってしまい、鉄としての仕事ができなくなります。錆びた包丁、錆びた鉄橋などがわかりやすい例でしょうか。

じつは、体の中でも酸化は毎日起きています。

生物は酸素を取りこみ、酸化させてエネルギーをつくり出しているのですが、同時に活性酸素というものもつくってしまいます。

巷では「活性酸素は体に悪いよ」といいますが、たしかに、悪さをします。活性酸素は遺伝子であるＤＮＡを傷つけるのです。

ＤＮＡを傷つけられた細胞は死んでしまったり、がんに変化したりするので、本当に活性酸素は「迷惑な奴(やつ)」なのです。

ただ、この迷惑な奴をちゃんと抑えてくれる「いい奴」もいます。これを、**抗酸化物質**といいます。

体は、なんだかんだ言っても酸素を取りこみ、活性酸素ができて、抗酸化物質が抑えて、また酸素を取りこんでと、もちつもたれつの関係をくり返すため、錆びつきません。でもここで、**糖質というエネルギーが体に余計に入ってくると、活性酸素がより多く出ます。**すると抗酸化物質がいくらがんばっても、もう、もちつもたれつの関係は保てなくなります。

こうなると、体は錆びつきます。見た目としては太り、さらに高血糖、高インスリン状態であったりします。キャットフードを食べて太っている猫が、まさにこの状態に当てはまります。

さらに、糖質が体に「焦げ」を起こします。ブドウ糖は体内でタンパク質と結びつきますが、これを「糖化」といいます。ホットケーキがこんがり焼けるのはおいしそうに見えますが、これは「糖化」が起きているからなのです。この**糖化が体の中で起きて「焦げ（AGE：終末糖化産物）」になると、これがいつまでも体に残って、血管を傷つけてしまいます。**

まさに糖質は猫にとっては大敵です。その過剰摂取で焦げ、錆びも促し、猫を老化させてしまうのです。猫の老化とはつまり血管の老化であり、それによって腎臓の組織が損傷を受けて寿命が縮んでしまうわけなのです。

寿命そのものを延ばすわけにはいきませんので、洗濯物のように縮ませないように気をつけるしかありません。糖質を含まないエサをあたえるようにして、猫の体を「錆びさせない」「焦がさせない」を心がけましょう。

33 猫は食べる食べないをにおいで判断します

10年以上前の話です。ドライキャットフードを処方食としてわたしの病院で出していたときのこと。ある飼い主さんから「飼い猫が病院で新しく買ったドライキャットフードを食べない。何か問題があるのではないか」と連絡がありました。

いつもと同じ製品だったのでおかしいなと思いましたが、何か変なことがあっても嫌なので、

「それは食べなくていいので、別の袋を開けてそちらを食べさせてみてください」

と話しました。

しばらくして、「新しく開けたのも食べないので、取りかえたいので病院へ持っていく」と連絡がありました。

やってきた飼い主さんに在庫のドライキャットフードを出して、食べなかったというドライキャットフードを引き取り、メーカーに送りました。

しばらくして、メーカーからはとくに問題は見当たらず、酸化もしていないという回答がありました。

猫の飼い主さんは、取りかえたドライキャットフードも結局食べず、市販のドライキャットフードをあたえたら喜んで食べた、とあとで話してくれました。ただわたしとしては、悪いキャットフードを売りつけた獣医のようで、何かすっきりしないものを感じました。

キャットフードの場合、いままで食べていたのに突然、同じものを食べなくなる、という話はよくあるようです。このことには誰もが首を傾げるのですが、ドライキャットフードの不思議な特性だと、わたしはとらえています。

猫にとって「大好きなにおい」が、ある日突然、「受け入れられないにおい」になるようなのです。どうしてそうなってしまうのか。猫にその理由を聞くことはできませんが、わたしはこう推測しています。

人工的につくられた「大好きなにおい」はある意味、猫を惑わす幻想的なにおいであり、「受け入れられないにおい」と紙一重なのではないか……と。猫の脳を惑わせていた〝大好き〟が、何かの拍子に変わってしまうようです。

あるスーパーのキャットフードのコーナーで、おばあさんと店員が話をしているのを聞いたことがあります。

「うちの子がね、いままで食べていたキャットフードを食べなくなっちゃったの。それでこれに変えたら、はじめは喜んで食べていたけど、また急に食べなくなっちゃったのよね」

「そうですか、ではこちらなどいかがですか。新発売のものですが、よく売れていますよ」

「グルメの猫用って書いてあるわ、うちの子はグルメかしらね」

なぜ猫が喜んでドライキャットフードを食べるのか、深く考えたことはなかったのですが、猫はにおいで食べているなという感覚はありました。

頻繁にドライキャットフードの種類を変える飼い主さんはやはりいるようで、そのたびに「よく食べる」と「ぱったり食べなくなる」をくり返しています。

いまは、わたしもドライキャットフードとは縁を切って処方食として出さなくなりましたので、ドライフードの現状はよく知らないのですが、猫は食べる前ににおいで判断するということだけはたしかだと思います。

34 猫も皮膚かぶれを起こすことがあります

皮膚が弱いのでかぶれやすい、という人の話を聞くことがあります。植物の汁でかぶれるといいますが、漆(うるし)の木でかぶれるというのはよくある話です。しかし、ありふれた食材でかぶれる人もいます。キュウリやトマト、レタスでも人によってはかぶれの原因となるそうです。

猫はというと、わたしが経験した猫のかぶれ症状は、意外な贈り物が原因でした。なんと、マンゴーだったのです。

ある日、顔が真っ赤になってしまった猫を飼い主さんが連れてきました。猫は顔をかゆがり、少し傷ができています。どうも何かにかぶれたようだと思いました。

猫の顔は、目の上と耳は毛が少なくて皮膚が露出しがちですので、かぶれが出やすい場所ではあります。

女の人の顔に猫がスリスリしてお化粧にかぶれるのは、比較的よく経験することです。また、**化学物質には人間以上に敏感で、芳香剤やアロマ系のものでも反応が出る**ことがあります。

知り合いからマンゴーの贈り物が届き、大喜びしていた飼い主は、リビングルームにその箱を置いてマンゴーを冷蔵庫にしまいました。

猫はマンゴーの入っていた箱のにおいをさかんに嗅ぎまわっています。

「この子もマンゴーが好きなんだ」

うれしくなった飼い主は、箱をそのままリビングに置くことにしました。

すると猫がマンゴーの箱にスリスリしているうちに、顔の皮膚が赤くなり、かゆみが出てきたのです。でも最初のうちは、このかぶれとマンゴーを結びつけることができませんでした。

わたしも診察室で猫を見て、この症状の原因がマンゴーであるということは想像できませんでした。そこで、かぶれが出る以前に部屋の中で何か変わったことをしなかったか聞いていきました。

部屋の消毒や、芳香剤、リフォームに至るまで、原因がないかこまごまと聞きましたが、何も変わったことはないと言います。

「観葉植物はありませんか」

「はじめはあったのですが、猫が葉をかじって吐くことがあり、いまはベランダに出してあります」

「そうですか、何か宅配で届いたものがありましたか」

「マンゴーを友だちが送ってくれました」

マンゴーは、食べると口のまわりが赤くなったり、かゆくなったりする人がいます。じつはマンゴーが漆の仲間であると聞けば、なるほどと思うことでしょう。

漆にかぶれるから注意というのは昔のことで、いまはお化粧品や芳香剤だけではなく、マンゴーにも注意する必要があるようです。

35 猫が吐くのは毛玉のせいだけではありません

猫はよく吐く生きものであるとする風潮があります。事実を反映している例もありますが、よく吐くことが正常な状態とは思えません。ただ、吐いたあともケロッとしている姿を見ると、これは日常のことだと判断したくもなります。

飼い主さんの訴えのなかでも「吐いた」というのが多いのですが、**何をどんな状態で吐いたのかが大切**です。それによって、こちらは何が原因で吐いているのかを推測します。

たとえば、**「猫草を食べた」「ビニールをかじった」**という報告で、その食べたものを吐いたということであれば、**食べられないものを食べて吐いた**のだから理解できます。

「朝起きたら何やら吐いていて、よく見たら毛の塊だった」という話では、**喘息**（ぜんそく）が疑われます。

「キャットフードを食べて、30分くらいしたら苦しそうに吐いた」 これは**膵炎**(すいえん)の可能性を示しています。

「トイレから出てきて吐いた」 **便秘や膀胱炎**(ぼうこうえん)を疑います。

「なんとなく吐く」 これは**炎症性胃腸炎**(えんしょうせいいちょうえん)が考慮されます。

これらの共通した吐くという行為を、すべて「毛玉のために起きた吐き気」と判断してしまうことは、とても危険です。

吐瀉物(としゃぶつ)の中に毛玉が見つかればそうだと確信し、なければないでまだ出ないのだと思いこんでしまうと、病気の発見を遅らせるばかりでなく、病気の可能性を否定したうえで迷路に迷いこんでしまいます。

わたしが猫の毛玉について経験があるのは、それこそ手のひら大の毛玉が胃の中にできた猫。その摘出手術にアメリカで立ちあったことがあります。

この猫は不思議なことに、まったく嘔吐や食欲不振などの症状を示していませんでした。たまたまワクチン接種で訪れたときに、触診して異常に気がついたのです。

この猫の毛玉は、毛玉という表現では言いあらわせないほどの大きさでした。だから猫は、もう吐くことも腸に送ることもできなかったのです。

ただ、この例はきわめてめずらしい例といえます。ふつう、舐めとられた毛は胃の中で止まっても、胃から食べものとともに押しやられ、腸を経て便となります。**毛は消化されませんので、そのまま体の外に出る**わけです。

時に、**猫の便はその半分が毛からできていることもあるくらい**です。猫はけっして、胃にできた毛玉を吐いて出すという生態の生きものではないのです。

36 猫の嘔吐に慣れてはいけません

「うちの猫はよく吐くけど元気だ」。そんな話を猫友だちから聞くと、病院に来た飼い主さんが話していました。「なんで吐くんでしょうね」。そう聞かれますが、猫が嘔吐する理由は1ダースくらいあります。

尿毒症、膵炎、炎症性胃腸炎、甲状腺機能亢進症、膀胱炎や便秘、喘息、過度のグルーミング、はたまたドライフードの食べすぎ、ビニールや草を食べたなど、病名や原因はそれぞれです。ただ、飼い主が目にする現象は嘔吐であることが共通しています。

嘔吐をしているのに食欲があるとしたら、病気の診断はさらに絞ることができます。便秘と喘息の場合は毎日嘔吐するわけではないのですが、食欲は変わらず、それでもたまに嘔吐します。

喘息は嘔吐する時間帯が早朝に多いため、吐いたものが食べものではなく水だけであったり、それに毛の混じったものであることが特徴です。喘息は気管支のアレルギー反応で、人間のようにゴホゴホはしません。気管にたまった粘液を絞り出すようなしぐさをします。その動作で腹圧がかかり、胃の中のものが出てしまうようです。

便秘による嘔吐は、トイレで踏んばったあとなどで時間はまちまちですが、トイレのそばに吐いていることが多く、排便との関係が示唆されます。

吐くと掃除しなくてはなりませんし、ルンバでその上を通ろうものなら、吐瀉物を部屋中に塗り広めてしまうこととなり、悲劇です。しかし嘔吐はとても気になりはしても、食欲があるのでどうしても病気のような気がしません。そのうちに猫が吐くことに慣れてしまい、日常の出来事になってしまいます。

しかし、その原因を突きとめて治療がうまくいけば、嘔吐はしなくなります。

わたしはこのような慢性の嘔吐現象の診察をしたときには、飼い主さんに嘔吐した日にちと時間帯、嘔吐したものなどを書きとめてもらうようにしています。

その情報で、嘔吐の原因を推測することができるからです。

便秘の診断はお腹の触診でもできますし、便のようすを写真に撮って送ってもらったりもします。

37 猫の咳の音は人間とちがうので気をつけましょう

わたしたちが経験する咳は、風邪によるものがほとんどかもしれません。たとえ軽い症状だとしても咳はつらく、また会話中に出てしまうと気を使います。通勤電車の中で咳きこむと注目を浴びてしまいそうで、なんとしても堪えようと我慢した経験がある人も多いと思います。

人間が咳をするという行為は当たり前のことですが、猫となると、ほとんどの飼い主は猫が咳をしないと思っているようです。

咳は、気管支の炎症が起き、そこに産出物が出てきて、それを外に排出させようとする反応です。**気管支炎を起こす病気としては、風邪はもちろん、肺炎や喘息があります。そして人間同様、猫にもこれらの病気はあります。**とくに喘息は、猫の隠れた病気として実際は多いのですが、認識されることが少ないように思います。

人間なら医者に対して「咳が出ます」と告げれば、そこから治療が始まるものです。

しかし猫の場合「うちの猫が咳をします」という飼い主はまずいません。

というのも、ひどくなって呼吸困難になれば別ですが、**猫は人間がイメージするような「ゴホゴホ」という咳はしないからです。あえて表現するなら「ケーッ」という感じ**です。また、そのあと吐いてしまうことがあるので、「うちの猫は吐きます」とは言いますが、「咳をします」とは言わないのです。

咳でケーッとやったあとに毛を吐いたりすると、飼い主は「毛玉を吐きたかったのね」と納得してしまい、それっきりになってしまうことがほとんどです。

喘息で咳をする時間帯は早朝がもっとも多く、胃には食べものがほとんどなくなっているため、吐いて出てくるものは少量の水分か胃にあった毛の塊です。

人間は、よほど咳きこまない限り胃の中のものが出るということはありません。でも**猫は咳にともなって、胃の中のものが出てしまう**と理解するとよいと思います。

喘息はそのときは苦しくても終われば意外とケロッとしてしまいます。食欲も変わらずあると飼い主は気にしないのですが、頻度が多くなるならやはり治療が必要です。

肺炎は老猫で起きやすい病気で、これも咳をともないますが、こちらはいかにも具合が悪いという印象を受けます。

38 猫の口臭は危険なサインです

口臭といっても、それが病的なにおいであるかどうかによって、意味はずいぶんとちがってきます。たしかに猫の口を嗅いでみて何もにおわないとはいえませんが、少なくとも正常な口の状態の猫は嫌なにおいはしません。**口の中にトラブルがあるとき、それがにおいを発して警告している**のです。

ある飼い主は、猫が身づくろいを始めると異様なにおいがしてくると感じていました。しかしそれが猫の口の中のトラブルと繋がっているとは、考えることができませんでした。やがてその方の猫は、食事の量が減ってきて体重が減少してきます。はっきりわからなくても、何か異変が起きていることだけは感じました。

猫の口の中のトラブルは、歯石の蓄積と、歯肉炎、歯の溶解に分けられます。

歯石は人間同様、歯と歯肉の境目からつきはじめます、わたしたちも歯石を歯医者で取りますが、猫の場合は気がついたらもっとすごいことになっていて、境目についいているどころか、歯だと思っていたところが全部歯石だったなんてこともあるくらいです。**歯石は細菌の巣のようなものなので、当然変なにおいがします。歯肉炎は歯肉の炎症ですから、血の混じったような、こちらも嫌な生ぐさいにおいを発します。**

歯の溶解は虫歯ともいえる現象ですが、人間の虫歯とはちょっとその作用がちがうかもしれません。人間の虫歯はミュータンス菌が歯にくっついて、酸を出しエナメル質を溶かしますが、猫の場合は歯石によって歯茎が下に下がり、露わになった歯根部が溶ける虫歯がほとんどだと思います。猫の歯のエナメル質は硬くて丈夫ですが、歯根部にはエナメル質がありませんので、かんたんに溶けはじめます。

猫の歯は人間とは歯の形がかなり異なりますので、細菌がついてエナメル質を溶かすという典型的な虫歯タイプではありません。破歯細胞という自分の歯を溶かす細胞が出てきて、なぜか歯を食ってゆくのです。こういった例では、歯が丸々なくなってしまいます。

歯の溶解の場合、とくににおいが出ることはありません。また痛みがあるのかというと、ある猫とない猫がいるという印象です。

においを文章で表すことは難しいのですが、歯石には歯石のにおい、歯肉炎には歯肉炎独特のにおいがあり、さらには双方が混じり合い、強烈なにおいとなることもあります。

39 歯石をつけてはいけません

長年猫の口の中を見てきたわたしですが、**なぜ歯石がつくのか、本当のところよくわかりません。**人間でも歯石は定期的に歯科医でクリーニングします。ですから予防法はありません。**猫も歯石がついたら、定期的なデンタルケア（クリーニング）が必要**です。

猫の歯石も人間の歯石も細菌の塊です。「歯周病」という言葉があるように、それを毎日飲みこんでいると、心臓をはじめとして全身に害を及ぼすことは理解しているのですが、猫の歯石がなぜあそこまで巨大化するのか、疑問に思っています。

もし人間にあそこまで大きな歯石がついていたら、歯科医も仰天するのではないでしょうか。たしかに猫は歯磨きはしませんが、だからといって5年や6年であのような大きな歯石ができるのは、生物学的には不自然なことのように思うのです。

歯の全体をおおうような歯石、実際の歯の倍以上の大きさの歯石など、わたしが遭遇した歯石は、常識からはかけ離れています。

生きもののなかで歯を磨くのは人間くらいで、猫もそのほかの動物も、歯を磨くことなく生活しています。野生動物も歯は磨きませんし、そう考えるとわざわざ獣医が取ったりしなくてもいいはずなのです。

しかし猫のなかには、歯石が巨大になりすぎて食べることが困難になるものもいます。キャットフードでも食べにくいのに、ましてやネズミを獲って食べることはできないだろうと思います。

「本来なら猫はネズミを獲って食べる」と考えているうちに、この歯石はキャットフードと何か関係があるのではないかと感じはじめました。

わたしは、自分のかかりつけの歯科医に「なぜ虫歯になるのでしょう」と質問したことがあります。答えは「歯を磨かないから」ではありませんでした。その歯科医は

「口の中のトラブルは、人間が火を使って食べものを調理しはじめたからだといわれています」

と教えてくれました。

なんでも生で食べる主義の人がいると聞いたことがありますが、そういう人はめず

らしいでしょう。ほとんどの人間はたしかに火で調理します。これはあまりにも当たり前のことです。

猫は自分で調理はしませんが、キャットフードという、人の手の通ったものを食べさせられています。このことと歯石は関係があるかもしれません。

なにしろ猫は肉食動物なので、本来は生の肉しか食べないはずなのです。生肉を食べることは、どうしても病原菌の問題が出てくるのでわたしたちはしませんし、猫たちにも勧めることはできません。

しかし、猫たちに本来の食事に沿ったものを食べさせれば、極端な話、歯石がつかないのかもしれません。

わたしはキャットフードが普及する以前の猫の口の中を見たことがありません。時を戻すことができて江戸時代くらいに戻れたら、まず猫の口の中を見てみたいと思います。

40 せんべいの袋を開ける音がてんかんの発作を引き起こすことがあります

世の中には、洒落（しゃれ）た西洋菓子や行列のできるラスクの店がありますが、そんなお菓子のなかでも、ある日急に食べたくなるのが醤油せんべいです。米と醤油というシンプルな組み合わせに、日本の魂が感じられます。ソウルフードともいえるかもしれません。

そしてなぜか、せんべいの袋を開くとバリバリという音がします。食べる音に加えて袋まで音を立てる、こんなサウンド満載のソウルフードは日本以外には見つからないでしょう。

しかし、この**袋を開けるバリバリという高く短い音が、猫に負の問題を引き起こすことがある**と知る人は少ないのではないでしょうか。

猫には「てんかん」という病気があります。てんかんの医学的な定義は難しいのですが、脳に起きる一時的な「しゃっくり」みたいなものです。ただ、脳疾患としての定義からは外れるものです。

若い猫がてんかんの発作を起こすことはかなりまれなのですが、なぜか15歳を超える猫たちが老猫性のてんかん（猫科動物聴覚原性反射発作）を起こすことは、いま確実に増えています。

てんかんの発作がどんなかというと、突然倒れて四肢を硬直させる状態が30秒ほど続きます。ただそのあと猫は何もなかったかのように起きあがって、ふつうにご飯を食べたりします。

飼い主は倒れて痙攣（けいれん）する猫を見て、心臓発作か何かで愛する猫がこの世を去ることになるのかと、心臓が飛び出るほど驚きます。ただ発作が終わるとケロッとしてふつうにしているので、安堵（あんど）と、いったい何が起きたのかで頭が混乱します。

てんかん自体で猫が死ぬことはありませんが、それにともなって高いところから落ちたり、それこそ水の中に落ちたりしたら死んでしまうかもしれません。

せんべいの話に戻りますが、猫のてんかんは高い音に誘導されるということが、獣医学として世界的に知られてきました。

ここでいう高い音がどんな音なのかは、世界の国々によりちがいますが、わたしの経験するところ、**せんべいの袋の音がダントツでてんかんの発生要因になっていると**思います。

せんべいが悪いわけではありません。その袋が問題なのです。ただ袋は、その性質上バリバリ音を立てるのはやむをえないようです。

ですから、老猫のそばでドラマでも見ながらせんべいを食べようとするときは、ぜひこの話を思い出していただければと思います。

41 犬と蚊がいる環境ではフィラリアに警戒しなければいけません

夏になって悩ましい問題のひとつに、蚊に刺されるというイベントがあります。都会に住む人は「この辺に蚊なんていないよ」と言うかもしれませんが、東京の青山にも蚊はちゃんといます。

ましてや、緑のある地方では、夏は蚊との戦いだと言ってもいいほどです。刺されてかゆいというだけではなく、デング熱のウイルスも媒介するということで、蚊に刺されることはちょっとした恐怖です。

さて、猫と蚊はどんな関係なのでしょう。「猫は毛が生えているから蚊には刺されないでしょう」と思われるかもしれませんが、じつは刺されるのです。

さすがに**蚊も、毛の上から猫を刺すことはできませんが、毛の少ない部分を狙います。おもに耳ですが、毛がないわけではない目の上も、よく刺される部位です。**なぜ蚊に刺されたのがわかるかというと、その部位に激しいアレルギー皮膚炎を起こすからです。治療には、ステロイド剤を使います。

猫が蚊のアレルギーと聞くと、田舎の猫はどうするんだと思われるでしょう。実際わたしは、蚊のたくさんいる田舎で開業していたことがあります。そのとき、猫が蚤に刺されて皮膚アレルギーを起こすのはよく見ましたが、蚊に刺されてアレルギーというのはなぜか見ませんでした。もしかしたら診察に来ないだけかもしれません。蚤によるアレルギー皮膚炎は、刺される部位に特徴があるため、すぐにわかります。背中から尻尾にかけてが好発部位なのです。

蚊の場合は前述のとおり、基本的に耳です。

蚊が媒介する病気に、犬のフィラリアがあることをご存じでしょうか。フィラリアは心臓に寄生する線虫（せんちゅう）という虫で、血液の中にミクロフィラリアという小虫を生み、その犬の血液を吸った蚊の体にミクロフィラリアが入り、その蚊がまた別の犬を刺すとミクロフィラリアが血液を介して入りこみ、心臓に寄生するという、なんとも恐ろしい寄生虫です。

幸いこの寄生虫は人間には寄生しませんが、猫に寄生することはわかっています。

犬の多くはフィラリアの予防薬を投与されていると思いますが、**犬・蚊・猫がいる**

場所では、猫にも予防措置を施したほうがいいでしょう。獣医さんでスポットタイプの外用薬を処方してくれます。

42 オス猫は尿道閉鎖に気をつけましょう

猫の尿道閉鎖はだいたいオス猫に起こります。**尿道閉鎖はとても危険であり、死亡するリスクも高い病気である**と認識しなければなりません。

この病気の根本的な原因として、オスのペニスの先の尿道がきわめて細いという解剖学的な問題が挙げられます。

ペニスの先を霧吹きだと連想していただけるとわかりやすいのですが、オス猫には本来オシッコを吹きつける（スプレーするといいます）習性があります。一見排尿しているように見えますが、オシッコをあちこちにかけて縄張りを示しているのです。これはなるべく広い縄張りをつくり、その中に暮らすメス猫をたくさん確保しようという涙ぐましい本能です。

そのため、オス猫には休む間もありません。何ヵ所にもスプレーしたいので、少しずつするのです。においがつけば、それはほかのオス猫への警告となり、メス猫にはアピールとなります。

いくら先が細くできているからといって、ふつうの尿であれば詰まることはありません。でも尿路に結晶が出現し、さらには血液や細胞成分があると、セメントの粉と砂を混ぜたモルタルのようになり、ペニスの先に詰まってしまうのです。

人間の尿道閉鎖の結石とはちがい、一度詰まると、もうにっちもさっちもいきません。いくら踏んばっても、自分の力ではどうにもならなくなるのです。

詰まった瞬間に死ぬわけではありませんが、時間が経つにつれて尿毒症となり、全身症状は悪化していきます。まる2日経つともう取り返しのつかない状態となり、3日後には死んでしまいます。

水を飲まなくても3日では死なない猫も、尿が出なくては死んでしまうのです。尿道閉鎖が起こった猫は、病気というよりも拷問(ごうもん)にあっているような状態で、最後まで苦しみます。

飼い主としては、いかに早くその状態に気づき、病院へ連れていけるかということになります。ただ、尿道閉鎖の初期に気づくという人はあまりいません。猫の状態がかなり悪くなってから病院に連れてくるため、処置をしたが残念ながら手遅れだった、という結果になることがしばしばあります。

この病気は、いまはドライフードが原因であるとわかっています（↓63ページ）。

ドライフードだけ食べているオス猫であれば、いつかはその状態になる可能性があります。

43 年を取っても元気な猫は、甲状腺機能亢進症かもしれません

年寄りの猫というと、15歳を迎えればそう言わざるをえません。しかし、その年齢でも、驚くほどよく食べ、夜に昼にと大きな声で鳴く猫がいます。そんな自分の猫を健康な老い知らずの猫だと思ってしまう飼い主は、意外と多い印象です。**元気すぎることは悪いようには思えないのですが、甲状腺ホルモンの異常（甲状腺機能亢進症）であることもあります**ので、気をつけなければなりません。

甲状腺ホルモンは、のどのあたりにある小さな甲状腺から分泌されるホルモンです。元気のホルモンともいわれ、体の代謝を活発にしますし、精神的にやる気も引き起こします。

もともと言われなくても勝手に必要な量が必要なときに出るわけですから、ふだんこのホルモンを自覚することはありません。しかし、この甲状腺ホルモンが低下したり過剰になったりする病気があるのです。

低下するとぐったりして、それこそ生きる力が失われたようになります。猫の場合はこの低下症はほとんど見られませんが、**亢進症は年寄り猫に比較的多く見られるので注意が必要**なのです。

ホルモンが上がってくると、ほとんどの猫は食欲が増します。飼い主は「以前にも増してよく食べるな」と思うでしょう。「若い頃より食べる」と感じる人もいます。

さらに、性格の変貌に気がつく人もいます。

「年を取って怒りっぽくなった」

なんだか人間で聞く話のようです。同居するほかの猫が前を横切っただけで怒るとか、来客に対して威嚇するなど、それまではそんなことをしなかった猫が、するようになるのです。

診察しないとわかりにくいと思いますが、甲状腺ホルモン異常の場合、エサを食べているのに体重が落ち、心拍数が上がります。具体的には体重が５００グラム一気に落ち、心拍数も正常の１分間１８０回から２５０回に達します。

横で寝ていると、心臓の音が聞こえてくるという飼い主もいます。毛艶（けづや）も悪くなり、痩せて目がギラギラしてきます。しかしこれを望ましい老化と解釈してしまい、異常とは感じない飼い主が多いのです。

このあたりの心情的なものが、この病気を見つけられない理由のひとつです。

しかし亢進症が続けば老体に鞭打つ状態が続くわけで、最後にはガックリときてしまいます。するともう過労死みたいな状態になるのです。

甲状腺機能亢進症は自己免疫疾患とも考えられますが、まれに甲状腺のがんであることもあります。

ホルモンの合成を阻害する薬を飲んでホルモンの値が下がればがんではないので、薬でコントロール可能です。

44

食べても痩せるのは、甲状腺ホルモン異常の疑いがあります

自分の猫が明らかに太っていると認識している人が、意識的に猫にダイエットをさせることがあるようです。

ダイエット効果のあるキャットフードに変えたりして、意識高い系のキャットフードを選ぶのです。すると、そのうち猫が痩せてくるのに気がつきます。いままで寝てばかりだったのに、走りまわったりして動くようになることにも気がつきます。

しかもきちんと食欲はあり、いつも催促してくるため、見た目もスッキリして食べても痩せるダイエットフードに、その効果を人間のそれと比べてしまうのです。

「食べても痩せる」という人間用のサプリメントを見かけます。本当はそんなわけはないのですが、痩せた体に憧れをもつ人には魅力的に映るのでしょう。ですから自分は痩せられなくても猫がそうなっていけば、食べても痩せるのはありうることだと思ってしまうのです。

しかし、実際の猫の体にはちがうことが起きています。こういった場合は、**猫の甲状腺ホルモンの数値が高くなってきている**のです。

甲状腺ホルモンは、「元気のもと」ともいわれるように、人間にも猫にもなくてはならないホルモンです。しかしその量は微妙で、少しでも高いと心拍数は上がり、体の代謝エネルギーが格段に増えます。これが、寝ているだけで痩せるという現象です。このホルモンの量が増えると精神的にも活発になり、走りまわったり鳴いたり、ときには怒ったりするようになります。

年を取ってからこのような行動をするのは本当は異常なのですが、現代社会は元気こそ健康という考え方ですので、よいことだと受け入れられてしまいます。

そのうちに表情はギラギラしはじめ、体はダイエットどころか痩せほそり、食べものを求め動きまわるようになります。ガツガツと食べる姿はまるで餓鬼（がき）のようです。するとさすがに飼い主も、昔の面影もなく別人のようになってしまった自分の猫に異常が起きていることに気がつくのです。

血液検査をすれば甲状腺ホルモンの上昇が証明でき、甲状腺機能亢進症という診断がつきます。投薬を始めればホルモンも下がり、また元に戻ることが期待されます。

45 「正常値」の鵜呑みはいけません

猫でも人間でも、血液検査をすると検査機関側からそれぞれの項目に「基準値」とか「正常値」という表現で数字が表示されます。

検査の数値がそれよりも高いと異常値となり病名がつけられたりするのですが、たとえば5以下が正常という検査項目で、自分の値が6だったらどう判断するか難しいところです。

これが10とか20であればたしかに悪いと覚悟もできますが、6では微妙です。医師は「またしばらくして再検査してみましょう」と言うかもしれませんが、自分がよいのか悪いのか、奥歯にものが挟まっているみたいで落ちつかなくなります。

そもそも、正常値は誰がどのようにして決めるのでしょうか。

ものすごく科学的根拠をもって決められているように思いますが、どうやらそうではないようです。

人間の場合、ある検査機関では健康な人を選出して、その人の血液を正常値とすると聞いたことがあります。

ここでいう「健康な人」の定義が難しいのですが、検査機関に勤める3年間無遅刻無欠勤を達成した人は健康だという前提のもと、その人たちの血液データから正常値を導き出します。何人かから取りますので、正常値には幅ができます。

たしかに3年間無遅刻無欠勤ということは立派なことで、なおかつ健康であるということにはあまり異論を挟みたくありません。ただ、ちょっと数字にこだわりすぎているのではないかと思ってしまいます。

これは理屈ですが、「異常」というのは医学的にもわかることで、本人が不調を訴えていれば、それは健康に異常が生じていることであると判断します。

逆に、本人が元気で健康だと思っているのに正常でない値が出たとき、たとえば最初に例に出した6という数字ですが、その人も3年間無遅刻無欠勤だったのかもしれません。

猫の場合、検査機関が正常値をどこから引っ張ってくるのかはわかりませんが、「どこも悪くないはずだ」と判断した猫の血液検査のデータをいくつか取って、つくり出したものだと思います。これにもやはり幅があります。

たとえば猫の血糖値ですが、検査機関について差があって、上の値は130から150までが示されています、わたしの患者さんでキャットフードを食べていない猫は概ね100以下の値で、70台がもっとも多くなります。

この値は、検査機関では正常値の下限です。これ以上低くなると「低血糖ですよ」と言われるようなのです。

猫が何を食べているかによって正常値の値もちがってくるはずなのですが、そのあたりはあまり論じられてはいないようです。

46 猫も狂犬病に注意しなければいけません

いかに「狂犬」という言葉の響きが恐ろしいことか。「狂犬」は多くの人がそのさまをイメージできる言葉です。しかしかかると狂犬になる病気と解釈される狂犬病は、犬特有の病気であると誤解されています。

英語では、「レイビーズ」と呼ばれ、マッドドッグディジーズではありません。**狂犬病は、猫や人間を含む恒温動物すべてがかかる、ウイルスによる伝染病**です。

レイビーズにはラテン語で「狂気」という意味があり、人間が感染すると、のどの神経が麻痺するため水を飲むことが困難になります。患者は水が飲みたくて飲もうとするのだけれども、うまく飲めなくて大変苦労する、この状態を見て昔の人は水を恐れているのだと思い、「恐水病」と呼びました。

神経を侵すこのウイルスは、かかった動物を100%死に導きます。新型コロナウイルスも怖いですが、その比ではなかったでしょう。それでも、いまわたしたちが狂犬病の恐怖に震えないでいられるのは、効果のあるワクチンができているからです。
とはいえレイビーズウイルスは、野生動物の体にひそんでいまも息づいています。
幸い日本は清浄国ということで、狂犬病のウイルス自体がいないことになっていま
す。しかし世界に目を向ければ、大陸にはまだまだウイルスをもつ動物がいます。
アメリカでは、州によっては猫にも狂犬病ワクチンの接種が義務づけられています。
カリフォルニアのキャットホスピタルでも、猫たちに狂犬病ワクチンを打っていま
した。野生のコウモリがこのウイルスをもっている可能性があるからです。
猫の室内飼育が推奨されているのには、こういった意味合いもあるようです。わた
しをアメリカ時代に研修してくれたキャットドクター、トーマス・H・エルストンは「家
のなかに入ってきたコウモリを猫は獲ってしまうことがある、そのときに感染するか
もしれないので、ワクチンは猫にも必要なのだ」と言いました。
実際にアメリカで猫が狂犬病に感染した例は、数例報告されています。かかった猫
は死亡したのですが、人間を噛んで感染を広めたという話はありません。
攻撃性という問題からも、犬と猫は大きくちがうことが、この例からわかるのでは
ないでしょうか。

47 ワクチンを信じなくてはいけません

ワクチンは伝染病を予防するための注射ですが、その効果は、じつはまちまちです。いってみれば堤防の高さと川の増水のような関係で、ワクチンが「免疫」という堤防、「ウイルス」が川の水と考えるとわかりやすいでしょう。

ふだん、川の水はそこそこ。河原の真ん中を流れているくらいでも、堤防は川の両脇に高くつくられています。堤防などいらないのではないかと思えるような光景です。しかし、いざ雨が降り川が増水すると、水かさは増えます。ただ、どんどん増えていったとしても、堤防の高さを越えなければ洪水にはなりません。

ワクチンがどのくらい高い堤防をつくるのか、一人ひとり条件は異なります。でも、「打っておけばそこそこの増水には耐えられる堤防になる」という計算が成り立ちます。「絶対大丈夫」な堤防はないかもしれませんが、よっぽどの雨が降らなければ大丈夫、ということはいえます。そう考えないと、ワクチンの意味が見出せません。

「ものすごいウイルスの量で暴露されたら、ワクチンを打っていてもかかってしまうかもしれません。でも、そうでなければ、ウイルスがいても感染することなく、大丈夫ですよ」

というのが、ワクチンを打つ獣医からの説明です。

実際、猫にワクチンを打ったところで、どれほど免疫がついたのかはわかりません。じつはわたしがワクチンを打った猫で、その後発病した経験もあります。ただ、いま思えば、その猫がいた環境は猫伝染性鼻気管炎が集団発生したコロニーでした。内房の港町でしたが、町の猫たちはみんな塀に並んで目やにを出し、鼻水を流して座っていました。

このように、たとえワクチンを打って免疫ができていたとしても、まわりの環境がウイルスだらけなら発病してしまうこともあります。

カリフォルニアのキャットホスピタルでは、土曜日ともなるとワクチンの接種に来る猫たちであふれかえります。

アメリカの猫の飼い主は猫の伝染病予防について高い意識があり、ワクチンはどんなことがあっても打たなくては、という意気込みがあります。ひょっとすると効かないんじゃないかとか、副作用がちょっと怖くてという飼い主は皆無で、猫のワクチンへの信頼感には圧倒されました。

48 猫を飼っている獣医さんを選びましょう

人はそれぞれが職業をもち生活していますが、その選択をした時期はさまざまです。獣医の場合、どうしても獣医学部に入らなくてはなりませんので、高校卒業の段階で自分の将来の職業を決めることになります。

30歳を過ぎてからとか、50歳になる前には、などと決めて獣医になる人はあまりいません。早いと小学生の頃から、「自分は獣医になる」と決めている動物好きな子どももいます。

わたしが獣医学部を受験した頃は、面接でなぜ獣医になりたいのかを聞かれると、

「飼っていた犬が死んでしまったことで命の大切さを学び、自分も小さな命を助けるような人間になりたいと思った」

と、涙ながらに話すことが合格の秘訣とされていました。

しかしいざ入ってみると、大動物の臨床こそが獣医の真の姿。牛の直腸に肩まで腕

を入れて、ウンチまみれになって卵巣を触る訓練をしたりします。「小さな命」を救いたくて入った女子学生においては、新体操をしようと思ったのにまちがえて相撲部屋に入ってしまったようなものです。現実と理想のちがいに打ちのめされたものでした。

現在は獣医大学でも小動物の臨床が重要な位置を占めるようになり、はじめから大動物を診るつもりのない人が大半になっています。

それが定着した頃から、獣医学部は医学部の滑り止めになりました。

当たり前のことですが、医者を志す人のすべてが医学部に入れるわけではありません。志すだけでも気高いのに、さらに過酷な受験戦争を戦い抜く若者には頭が下がりますが、だからといって誰もが勝者になれるわけではありません。

いままでは、薬学部や歯学部が医師希望者の滑り止めとなってくれていましたが、さらにあふれるような医学部の希望者に、獣医学部も滑り止めとして参加するようになりました。

しかし同じ医学をやる職業といえども、「獣」がつくかつかないかは大きなちがいです。医者と獣医はまるでちがう職業であると心得なくてはなりません。

獣医師の場合、勉学の前に動物が好きであるという資質が大切です。それをもちあわせていないと、いくら頭がよくてもうまくいきません。

しかしいまの日本の受験制度ではそのような適性は重視しませんので、偏差値のみで上から取ってしまいます。**本当に獣医になりたくて、その資質をもっている若者がいても、医学部を目指す人に蹴散らされてしまうと、獣医にはなれない**のです。

そんなわけで、子ども時代に動物を飼ったことのない獣医が誕生します。また、犬は飼っていても猫は飼ったことがないという獣医師も、じつは多いのです。

どこの獣医師にかかるかを決めるときは、せめて猫を飼っている獣医師を選ぶのがお勧めです。

49 獣医さんは「体温の正しい測り方」を基準に選びましょう

自分の体温を測るときに脇の下に体温計を挟んだのは、もう遠い昔のことのように思えます。いまはすっかり非接触型になって、レストランの入り口にもデパートの入り口にも体温を測る装置があり、発熱がないかを調べる時代になりました。

このようになる前は、ピピッと音が鳴るまで脇の下に挟んで測る電子体温計がありました。また、昔の外国映画では体温計をくわえている人が出てくるものもありました。それを見ると、少しおかしいような感覚になったものです。

さて、獣医は犬や猫の体温を測るために、肛門に体温計を差していました。直腸温というものを測るためですが、水銀の体温計を3分間もお尻の穴に入れておくのは、それはもう大変。しつけのできた犬ならまだしも、猫にそんなことをしようものなら、そのあと何もさせてくれない状態になってしまいました。

わたしがアメリカに渡ったのはいまから25年も前の話ですが、そのときアメリカで使われていた猫の体温計は、耳に差しこんで鼓膜の温度をほんの一瞬で測ることのできるものでした。日本では猫はおろか、人間にもそのような機械は使われていなかったので、驚いた記憶があります。

診察台に乗せた猫の耳を持ちあげて、体温計のプローブを差しこんでスイッチを押すだけです。猫も嫌がりはしますが、肛門に入れて3分とは比べものになりません。

そのうちにコツを掴むと、猫が気がついたときには測り終えられるようになりました。

いま考えれば、犬や猫の肛門に体温計を差しこむという行為は、感染症などの観点からもするべきではなかったと思います。同じ体温計を使うわけですし、いくら消毒したといっても、人間だったら抵抗のあるところでしょう。

とくに猫のコロナウイルスは糞便から感染するので、お尻の穴の体温計の使い回しは避けるべき行為でした。

お尻での検温は、わたしは猫の専門医になってからはしていませんが、いくら何でも猫のプライドを傷つけると思います。仮に、デパートの入り口でお尻での検温を求められたら、それを受けてでも入るお客さんはいるでしょうか。

50 猫の死因のトップは慢性腎不全です

慢性腎不全は、腎臓の機能が衰えて、血液の中にある老廃物をうまく排出できなくなる病気です。尿毒症という状態になり、さまざまな症状が出て死に至ります。

猫の死因としてトップに挙げられるものに、この慢性腎不全があります。

人間の場合、慢性腎不全の人は人工透析をします。透析している患者のほとんどは糖尿病の患者です。つまり、糖尿病が進むことにより慢性腎不全になるのです。

糖尿病というのは、尿に糖が混じることからつけられた病名です。なぜ糖が混じるのかというと、まず血液中を流れる糖の量を調整する、インスリンというホルモンがあります。このインスリンの分泌が少なくなったり、分泌されてもうまく働かなかったりすると、血液中の糖が上がります。これを高血糖といいます。血糖（値）が高い状態が続くと、尿に糖が出るわけです。

糖尿病になると、血管の内皮が傷つけられることがわかっています。とくに毛細血管がダメージを受けると、腎臓や網膜の機能が失われ、慢性腎不全になったり失明したりします。

このように人間の場合は、糖尿病と慢性腎不全はつながっています。ただ、**慢性腎不全の猫は糖尿病ではない**のです。

いままでの人生で肥満していたことはあっても、とくに血糖値で何か問題が起きたことのない猫が、いきなり慢性腎不全と診断されます。猫の慢性腎不全も尿毒症となりますので、いずれにしろ死は免れません。

腎臓には「糸球体（しきゅうたい）」という、毛細血管でつくられた、ごく小さなろ過装置が万単位あります。その一つひとつが壊れ、ダメになっていくことで尿毒症となります。ですから**猫の慢性腎不全のメカニズムは、人間の糖尿病の患者がなってしまう慢性腎不全と同じ形態**をとります。そのちがいは、**猫の場合は糖尿病という経過を経ない**ということなのです。

人間の場合はまず糖尿病という診断がつきますから、そこから慢性腎不全にならないように糖尿のコントロールを懸命にすることができます。猫の場合はそういった前兆がありません。元気そうだけど健康診断を受けたら慢性腎不全だ、と告げられるのです。

これでは飼い主も驚くばかりです。かかりつけの獣医師は「猫の腎臓は弱いので、加齢にともない、みんな腎不全になる。だからこれは運命的な病気である」と言うかもしれません。しかしわたしは、この説に疑問をもっています。

猫は水の少ない砂漠で暮らすリビアヤマネコを祖先にもつ生きもので、その腎臓は限られた水分を有効に使うために、尿を強い濃縮力で濃くすることができるのです。そんな高性能の腎臓をもつ猫が慢性腎不全になるなんて……と。

そこでキャットフードに含まれる糖質に注目したのです。本来猫が摂る必要のない糖質（↓73ページ）を摂ることで、毛細血管が傷つき、腎臓が壊れるのではないか、ということです。詳しくは95ページの「32　活性酸素と糖質には気をつけなければなりません」をご参照ください。

51 慢性腎不全であってもタンパク質を制限してはいけません

人間の場合ですが、「慢性腎臓病の人はタンパク質を制限した食事をしましょう」と定説のようにいわれてきました。ただ、これもいまではずいぶん変わっています。慢性腎臓病であっても制限までする必要はないのではないか、という考え方が出てきたのです。

むしろ体にとって必要なタンパク質を制限してしまうと、栄養障害を起こすかもしれないとすらいうのです。

ちょっと不思議に思うのですが、「制限したほうがいい」という考えが定説とされてきたのに、これだけ医学が発達していながら、どうして逆さまの考えに押しかえされてしまったのでしょうか。

「腎臓病＝タンパク質の制限」は、医学では鉄板の言葉です。いままで誰もそれに疑問を唱えることはありませんでした。

しかし、いまは医学と栄養学がひとつになって、健康を語るようになったため、定説がくつがえされはじめたのかもしれません。

近年、タンパク質制限ではなく「糖質制限」が世間で話題を集めるようになりました。糖質の摂りすぎによる高血糖や肥満が問題となり、糖質は摂らないほうがいいのではないかというところまで来てしまったのです。

人間の医学と栄養学は、なんとなく仲がいいようで悪いような不思議な関係です。お互いの分野には干渉せず、でも体に起こる病気と食事は、とても深い関係にあります。いままで医師と栄養士は、少し距離を保ちながら病気のことは医師に、食べもののことは栄養士にと分業していました。

しかし糖質制限の話題が表に出ると、医学と栄養学の垣根が一気になくなり、医師が食事について話すようになり、栄養学の分野の人が病気について話すようになったのです。

獣医学の世界では、いままでの人間の医学にならって「慢性腎臓病にはタンパク質の制限を」と言っています。その考え方が猫に対しても例外ではなく、「腎臓の悪い猫はタンパク質をあまり食べないほうがいい」と言われています。

肉食動物である猫に「タンパク質はよくない」というのは、動物学的に矛盾する考え方です。これは、獣医学から生まれたものではなく、人間の医学の焼き直しだったのではないでしょうか。

いま、人間の医学においてもタンパク質の制限は疑問視されてきています。むしろ糖質を制限しなさいというわけです（ただ、糖質も体のエネルギーをつくる必須な栄養ですので、制限のしすぎには注意喚起がされています）。

人間の医学ではどうであれ、猫は猫らしく、どんな病気であろうと動物性のタンパク質を摂ることが基本であると思います。

52 多尿はその原因を考えなければいけません

「多尿は病気の兆候」といいますが、**多尿自体がいけないことではない場合もあります。**たとえば、慢性腎不全の猫はむしろ多尿を意識して維持していかなければいけません。それが慢性腎不全のコントロールに必要なことなのです。

多尿であるためには、多飲という状態であることが欠かせません。この「多飲」という状態も、どのような要因で導き出されるのかはさまざまです。ぱっと思いつくのは、高血糖になっている人がやたらとのどが渇くと訴えて、結果的に多飲状態になることです。これは糖尿病の多飲という症状です。

このほかにも、脳の中の視床下部というところでつくられる抗利尿ホルモンがよく出ないおかげでオシッコがたくさん出てしまうこともあります。するとのどが渇き、結果的に多飲状態になります。これは、多尿からくる多飲です。

「多飲多尿は慢性腎不全の兆候なので、気をつけましょう」という警告があります。

これだと多飲が悪いような印象がありますが、**腎臓が悪くなるということは体の老廃物を効率よく外に出せないということ**です。そのため、**多飲になること自体は体を維持するうえで大切なこと**になります。たくさんのオシッコをして、老廃物を外に出すという作業なのです。

ですから、慢性腎不全の多飲はのどの渇きからくるものではなく、「脱水症状になるので猫はしかたなく飲む」という状態だと理解してください。

黙っていてもどんどん水を飲める猫はそれでいいのですが、水を飲むことがうまくできない猫は、飲んでいるように見えても脱水してしまいます。

脱水すると、体の中に老廃物がたまります。すると尿毒症となり、具合が悪くなって余計に水が飲めなくなり、さらに脱水が進むという負のスパイラルをくり返してしまいます。

この負のスパイラルを生み出すのがドライフードだとわたしは考えています。ドライフードのみを食べている猫は、水分の補給を飲水から得るしかありません。

しかし何度も書いたとおり、猫という生きものは、水を飲むのではなく獲物を食べることで、その獲物に含まれる水分を摂ってきました。獲物を生で食べるということはそういうことです。それを、ドライフードと水で辻褄を合わせなさいと言われても、そうかんたんには対応できません。

必要な量の水は飲んでいましたが、その量が精一杯で腎臓が悪くなったから飲水量を増やす、ということがうまくできない猫も多くいるのです。猫に「飲み放題」はシステムとして合わないと思ってください。

つまり、猫は水をガブガブ飲むのは得意ではないので、「水を食べさせる」工夫が必要になります。例えば「鶏か魚のスープ」や「魚の煮こごり」「鶏の手羽先の煮こごり」など、そのもの自体に水分が含まれている素材をあたえることです。お肉やお魚、どちらでもかまいません。卵の黄身も食べてもらいましょう。

53 慢性腎不全になったら多飲多尿状態を維持しましょう

慢性腎不全は、血液検査によって診断されます。そのときの指標となる検査項目が**クレアチニンと尿素窒素（BUN）**です。これらの数字が正常値より高くなっていると慢性腎不全といわれます。その**正常値は、クレアチニンが2・0㎎／dl以下で、BUNは40㎎／dl以下**と考えられています。

慢性腎不全は腎臓が正常に働かなくなっている状態です。ですので猫が慢性腎不全だからといって、食欲がなかったり吐いたりするというわけではありません。ただ、尿毒症という状態になると食欲がなくなり、嘔吐することもあります。

尿毒症とは、血液の中の尿毒症物質が腎臓からうまく排泄されなくなって起こる現象です。この尿毒症物質というものは、ひとつふたつではなく、いま発見されているものだけでも90種類くらいあるといいます。

そして、尿素窒素はそのなかのひとつです。

尿素窒素は、肝臓でアンモニアを分解したあとにつくられます。それ自体が何か悪さを起こすわけではなく、あくまでもその量が腎臓の働きを見る指標として評価されます。

猫の具合が悪いからと慢性腎不全を疑い、検査してみたとします。そしてこの数字が60だとか80だとかになっていると「尿毒症だ、さあ大変、慢性腎不全の末期です」と獣医から言われることになります。

たしかに医学的にはそうなのでしょうが、このあたりの数字では、猫はまあまあ食欲もあるでしょう。いかにも病的なようすというわけでもないと思います。

でもそういう場合でも、**猫たちがもしドライフードだけの食事をしているのなら、それはすぐに改める必要があります。**

まず、水分を摂らせるために肉汁を含んだ食べものを用意します。煮凝りをつくり、それを食べさせてあげれば十分な水分とタンパク質が摂れます。

尿量は格段に増えるかもしれませんが、尿素窒素の数字は20くらい下がります。腎臓がよくなったわけではありませんが、猫の状態はずいぶん改善されるはずです。

一度壊れた腎臓は、残念ですが元には戻りません。壊れかけた腎臓に働いてもらい、命を保たせるには、いかにして水分を摂らせるかという課題に挑戦すればよいのです。慢性腎不全の治療としてもっとも行われるのは皮下点滴です。

わたしも以前は皮下点滴をせざるをえない猫たちの治療をしていましたが、皮下といえども猫にはストレスです。一定時間拘束されるストレスばかりでなく、皮下に入った点滴の物理的な重さに違和感を覚え、吸収するまでの数時間、動かなくなってしまう猫もいます。水分はどうしても必要なのですが、不利益も大きいのです。

そこで、水分を摂るには、なにも医療に頼らなくてもいいのでは、という考えに至りました。**水が飲めないなら食べてもらおう**と考えたわけです。

食べものに水分を加えたり、煮凝りを食べてもらうことで、点滴と同じ量の水分を摂れるようになります。

実際、わたしの診ている猫で慢性腎不全と診断されている猫たちは、尿素窒素が100を超えていても、それなりに食べて元気にしています。

それは**作為的に、多飲多尿の状態をつくって維持しているから**なのです。

54 慢性腎不全にはエリスロポエチンが有効です

慢性腎不全になって老廃物の排出がうまくできなくなる猫に、もうひとつやっかいな、命に関わることが起きます。

それは**エリスロポエチンというホルモンが不足することによって骨髄が赤血球をつくらなくなり、貧血を起こすという現象**です。これを**腎性貧血**といいます。

尿毒症も命に関わる状態ですが、貧血で赤血球がないというのも死に繋がります。

輸血をすればいいと思うかもしれませんが、実際はなかなか実行できることではありません。

エリスロポエチンは造血ホルモンと呼ばれ、骨髄に「赤血球をつくれ」と命令するホルモンです。そしてエリスロポエチンは、腎臓から出てきます。ですから腎臓が悪くなるとエリスロポエチンの量が少なくなり、腎性貧血という状態に陥ってしまうのです。

もしかしたら、このエリスロポエチンという名前に聞き覚えがある人もいるかもしれません。じつは、赤血球を故意に増やすことで短距離走などの成績を挙げることに使われていた薬剤の成分が、エリスロポエチンなのです。

スポーツ選手が大会前に高地でトレーニングをする話をよく聞きます。高い場所は酸素濃度が低いため、体はもっと十分な酸素を取りこもうと、腎臓からエリスロポエチンをより多く出します。そして骨髄が赤血球をさらにつくり出すのですが、この現象はエリスロポエチンを注射したことと同じ効果を示すのです。

スポーツ選手がエリスロポエチンを使用することはドーピングとなるため、いまは禁じられています。ちなみにふつうの人間がこれを使うと、赤血球が増えすぎて生理的には多血症になってしまいます

エリスロポエチンは腎性貧血を起こした人の治療に有効です。それをスポーツに利用したあたりは勝負への執着を感じますが、本来は生への執着のために使う薬剤なのです。

猫の場合、慢性腎不全のコントロールの一環としてエリスロポエチンを使うことはとても正しいことだと思います。

55 尿毒症と言われてからが、飼い主の腕の見せどころです

慢性腎不全は、腎臓が正常に働いていない状態を表している病名です。腎臓は再生がきかない臓器ですので、慢性腎不全が治ることはありません、ですから「なるべくこれ以上悪くさせないように、なんとかもたせていこう」という治療方針となります。慢性腎不全の猫でも食事は取れますし、元気に動きまわることもできます。

尿毒症という言葉も慢性腎不全と並行して使われますが、これは「症」と表現されるように病名ではなく、もっと広い意味をもちます。「血液中に尿毒症物質がたまって外に排泄されていない状態」を指すのです。

薬物などで急に腎臓の機能が落ちて尿毒症物質がたまってしまう急性腎不全や、尿道が閉鎖してしまって、オシッコが外に出ない状態が続いたために尿毒症物質がたまって起こる尿毒症があります。

慢性腎不全から起きる尿毒症は、本来ならかなり末期です。人間であれば透析しま

しょうという段階です。尿毒症と診断されたら非常事態であるといえます。

しかし、世の中には尿毒症といわれた猫がけっこう元気に過ごしていることがあります。このあたりの事実が、あまり緊迫感を生まないのでしょう。本当だったら、尿毒症の猫が何か食べているということはあまりないことです。

なぜそんな不思議なことが起こっているのかというと、おそらく尿毒症の定義が人間と猫ではずいぶんとちがっているからではないかと思います。

慢性腎不全の診断の指標となる尿素窒素（ＢＵＮ）が１００を超えている人で、何かしら食べて暮らしているという人間はたぶんいないと思うのですが、猫ではいます。１００を超えたところで食欲がなくなり、嘔吐に苦しむ猫もいますが、不思議なことに食欲があって元気に食べている猫もいるのです。

こういう猫を見ると、獣医は「人間だったら死んでいます、生きているだけですごい」と飼い主に言ったものです。

しかしわたしが考えるに、１００を超えても食べられる猫は、ＢＵＮが徐々に上がっていった猫たちで、おそらくその過程で大量の水分を摂取しています。また、猫に限ってはＢＵＮの値と尿毒症物質が人間のように結びついていないのだと思うのです。

尿毒症であることを示す数字が高くなってからが、猫に幸せな死をあたえるための技術が活かされるときです。いかに医療から離し、平穏な時間をあたえてあげられるか。それが飼い主の最後の仕事となります。

56 リフォーム後の部屋の閉めきりはいけません

わたしの病院に来られる飼い主さんで、部屋をリフォーム工事したあと、猫の具合が悪くなったと訴える人が複数いました。

いままで元気で持病もない猫が、なぜか体調不良だというのです。嘔吐や食欲不振など、なんとなく具合が悪いことがわかりますが、決め手となる症状はなく、診断もつきません。

ところが、具合が悪くなる前に環境のなかで変わったことがなかったかと質問すると、みなリフォーム工事をしたというのです。

リビングを工事したとか、寝室だけしたとか、部分的ではありますが壁紙を貼りかえたり塗装したりと、なんらかの変化がありました。

工事が終わったあと何か感じることはなかったかという質問には、

「においが少ししました」

という答えがあります。

壁紙を貼る接着剤も、塗装塗料も、みんな基準を満たしたものばかりで、ホルムアルデヒドも微量で安心を謳ったものばかりでした。

しかし工事終了後、猫の具合が明らかに悪くなっています。はじめは「人の出入りがあって疲れたんだろう」くらいの認識なのですが、猫のようすを見るとどうもそうではないらしいのです。

そのうちに、飼い主もちょっと頭痛がするような気がする、と言ったりします。確証はないのですが、接着剤や塗料の影響でないとは言いきれません。となれば**工事後は換気を十分に行うことが重要**です。

リフォーム工事をした季節が春や夏ならまだいいのですが、寒くなってからだと窓を開けることはほぼないでしょう。すると当然、気密性の高いマンションでは換気不足になります。

そんなときは寒くても窓を開けはなち、リフォーム工事で出た揮発物質を追い出すしかありません。

そうアドバイスしてしばらくすると、猫の不調も飼い主の頭痛も改善されました。

こういったことをわたしはいくつか経験しています。いつも「リフォーム工事を最近されていませんか」と聞きますと、「しました、なぜわかったんですか」と驚かれます。

データ的には有害でなくても、やはり使うものは化学物質です。工事後は寒くても、換気を十分にする必要があるのだと思います。

一般に問題のない量だとしても、敏感な人や猫は化学物質には反応します。とくに猫は一日中その場所にいるのですから、当然影響を受けるのです。

57 夏は猫を南向きのリビングから移動させましょう

マンションのリビングルームといえば、大きな南向きの窓とゆったりしたソファをイメージされるのではないでしょうか。日本ではやはり南向きのリビングルームが人気で、人々は日差しと暖かさを求めるようです。しかしいまの日本の夏は、そんな光景もウソのよう。リビングを灼熱(しゃくねつ)に変えてしまいました。

大きな窓には直射日光を遮るために特殊加工されたカーテンをかけて、太陽光線を反射させせます。すると気密度の高いマンションの部屋の中は、クーラーを稼働させなければ、生存も危ぶまれるような温度に上がります。

暑い一日が終わり日がかげると太陽光線からは解放されますが、夜になっても一向に涼しくなりません。晴れの日が3日も続くと、いくらエアコンをかけても暑くて、室温はそれなりに下がっていても体がほてるように感じることがあると思います。

これは**コンクリートの建物に太陽光が当たり、その熱がコンクリートに蓄積され、**

内側の人や猫に放射されつづけているからなのです。

コンクリートの熱の伝導率は低く、断熱には優れています。しかし一度温まってしまうと容易には冷めず、長い時間熱を放出しつづけます。このように、直接の接触や、気体や液体の流れによってではなく、温度の高い物体から低い物体へ、電磁波によって伝わる熱のことを「輻射熱（ふくしゃねつ）」といいます。この場合、温まりにくく冷めにくいという感じです。ですから、暑い日の1日目は涼しく過ごせて、2日目もなんとかいいのですが、3日目からはためこんだ熱が放出されるので暑く感じるのです。

とくにコンクリート住宅の場合、南向きの壁はたくさんのエネルギーを蓄えているので、**猫がリビングにいるとしたら、北側の部屋に避難させることはとても大切**です。そのままリビングにいると、巨大な電子レンジの中で24時間温められている食品のようになってしまいます。北側の部屋に移れば、輻射熱からは逃げきれます。

夏の暑い日が3日続くと、3日目に猫たちは具合が悪くなりはじめます。食欲が落ち、動きが悪くなります。この状態を熱中症と呼べるかどうかわかりませんが、とにかく体温の放出が追いつかなくなるのです。

コンクリート住宅は丈夫で耐震性に優れた建物です。ただ夏の暑さには弱いということを、猫を飼っている人は心に留めておいていただきたいと思います。

58 年寄り猫を冬の窓辺に放置してはいけません

猫と窓というのは、昔から絵になる風景です。窓越しに外を見つめる猫の姿を見ているとと心が和むのは、飼い主であれば誰でもそうだと思います。

しかし冬の寒い日は、窓の近くはどう感じるでしょうか、ヒヤッとするだけではなく、ジーンとした底冷えに似た寒さを感じると思います。これはわたしたちの発する「輻射熱」という電磁波が、冷えた窓に向かってどんどん放射されているからなのです。

「熱平衡の法則」というものがあります。2つの物体が向かい合うと、温度差がなくなるまで、高いほうから低いほうに、熱が移動するのです。

これで、あたかも窓から冷たい冷線が発せられて、体を冷やしているように錯覚するのです。

猫も若いうちは、いくらお気に入りが窓のそばだとしても、寒くなればちゃんと移動します。しかし年を取ると、なぜか寒くなっても動きません。動かないのか動けないのかわかりませんが、そのままにしていると本当に体が冷え切ってしまいます。

ある飼い主さんは、いつものように窓際にいる猫を見ていたのですが、ふと、いつもとはようすがちがうことに気がつきました。体が固まって動けないようなのです。そこで急いで抱き上げると、すっかり冷たくなっています。冷たくなったといっても死んでしまったわけではありませんが、とにかくふつうの状態ではありません、反応がまるで鈍くなっていたのだそうです。

わたしはこの飼い主から電話を受けて状況を知り、おそらくこの猫は窓際で眠りこけてしまって、低体温症になっているのだと考えました。

「体を温めてください。まず**室温を上げて、体のそばに湯たんぽがわりになるものを置いて**」

そう話しました。

湯たんぽがなければペットボトルにお湯を入れて置いてもいいし、こんにゃくを湯煎して布で包んで猫のそばに置くのも効果があります。

老猫が低体温になってしまったら、自力ではなかなか体温は戻りません。室温を上げることも必要ですが、輻射熱で失われた体温は、同じように輻射熱で取り戻さなければなりません。

結局この猫は飼い主さんの懸命の介護のおかげで命を取りとめましたが、気がつくのが遅かったら危なかったかもしれません。

冬の窓は寒いので、わたしたちは経験的にカーテンを使って、自分の熱が移動するのを遮っています。しかし猫は窓とカーテンの間に入りこむので、自分から輻射熱を出しにいってているようになってしまったわけなのです。

この窓際の冷えについて、建築の専門家は窓の構造に問題があると言います。ヨーロッパの窓が二重ガラスと樹脂もしくは木製の枠組みであるのに対して、日本では1枚のガラスとアルミそのままの枠であるため、猫の体温が外気温度まで冷えた窓に電磁波として移動します。

59 猫は寒さに強くありません

昔から「猫はこたつで丸くなる」と歌われるように、猫は雪が降っても喜ばない存在で、寒いのが嫌であるとわたしは思っていました。しかし「じつは寒くても猫は平気なんじゃないか」と思う人がまわりに意外といて、その理由を聞いてみたことがあります。

その第一の理由は、全身を毛でおおわれているからということでした。これだけビッシリと毛が生えているので、人間で考えればバッチリ着こんで寒くても大丈夫な状態、というイメージがあるのかもしれません。

また、寒い地域に生息するアムールトラのイメージも大きいようです。雪の中をどんどん進む映像から感じられる、寒さをものともしない生きざまから、猫にもそのようなイメージを重ねてしまうようです。

猫を飼ったことのない人の、猫の寒さに対するイメージはそのようなものです。

「冬の寒い時期も、外にいる猫はちゃんと暮らしてるではないですか」と、言われたこともあります。たしかにある意味、理屈は通っています。冬になると外の猫は死んでしまうというニュースが流れれば別ですが、日本ではたしかに聞いたことはありません。

ただ、猫を飼っている人は、**猫が暖かい場所を好む**ことをよく知っています。テレビがまだブラウン管の時代、冬になると猫はその上にいたものです。沸かしたお風呂の板の上に座っていたり、電気ポットの上に乗っかる猫もいるようです。

雪が積もるような寒冷の地域では、猫はどのようにして冬を暮らしているのでしょうか。わたしは青森県の十和田(とわだ)市で獣医学生時代を過ごしましたが、寒いときは零下をぐっと下回ります。ですので人間の家に入りこまないと、野良猫といえども冬は越せないでしょう。雪の中を猫が歩いているのを見たのは一度だけだったと記憶しています。

つまり日本では、猫が野生化することは気候から考えても無理だと思うのです。なんらかの形で、人間に居場所を世話してもらう、依存のスタイルを取らなくてはならないでしょう。

猫は家畜であるという理屈もここにあります。

もし猫が日本に根づいた動物だとしたら、山の中で山猫として生活している情報があると思いますが、そういったことはありません。

猫は外来種であるという声もあるようですが、野生化していないことから、外来種という言葉も当てはまらないでしょう。

猫の祖先であるリビアヤマネコは、日本の風土には適していないのです。猫もリビアヤマネコ同様、寒さには強くない動物であることには変わりありません。

60 暖房器具の出し入れのタイミングをまちがえてはいけません

猫は、昼と夜の気温差が大きい春先と秋口に、体調を崩すことが多くあります。とくに年を取った猫にはその傾向が強く出て、膀胱炎や自律神経の不調による機能性胃腸障害が起きます。

膀胱炎になるとオシッコに頻繁にいくようになり、さらには渋り、痛みを訴え、血尿が出ることもあります。

胃腸障害になると嘔吐と食欲不振が見られ、時間をおいて食べたものを吐いたりします。

春先は、それまで低かった気温が日中は20度程度に達して暖かくなりますが、夜には10度を下回ることがあるような季節です。秋口はまだ暑さが残りながらも、夜間はとても気温が下がるような季節。**猫の体調不良は、春秋いずれも気温の急降下が引き起こしている**と思われます。

このようなときには、**寒さを避けるために何か暖房器具を動かさなくてはなりません。**床暖房でもあれば何よりですが、湯たんぽでもかまいません。寝床に置いてあげるだけで、この時期のトラブルを避けられるはずです。

日中はTシャツでも過ごせる暑さなのに「夜になると寒いね」という感じのときは、躊躇（ちゅうちょ）せずに暖房器具を使いましょう。昼間を薄着で過ごすとコタツに入る気はしないかもしれませんが、猫にとってはそれが大切なことだと思ってください。

ひょっとすると暖房器具をしまってしまった、あるいはしまったままということになっているかもしれません。でも**猫と暮らす以上、暖房器具は遅めにしまって早めに出す心がまえが必要**です。

人間なら、このような時期に何を着て出かけたらよいだろうと悩むことだと思います。猫は何も着ていないので、暑ければ涼しいところへ、寒ければ暖かいところへ移動するだけです。

砂漠のような乾燥した地域は、一日の寒暖差が大きいのが特徴です。ロサンゼルスでも日中はTシャツで過ごしますが、夜は冷えるので、帰りが夜になるときには上着を持って出かけたものです。

先祖がリビアヤマネコである猫も、もとは砂漠の生きもの。気温の差には慣れっこではないかと思うのですが、なぜかいまの猫はもっと弱くなっています。

猫のことばかり言っていられません。人間のわたしたちも気温差は体にこたえます。自律神経の切り替えがうまくいかないのは、じつは猫と同じなのです。

61 暖房器具は床暖房かコタツがお勧めです

冬を快適に暖かく過ごすのに、**もっともよい暖房設備が床暖房である**ことは、どうやら疑いのない事実です。

しかしながら、設置にかかる時間とコスト、さらにはランニングコストのことを考えると、さあつけましょうと気軽には言えないのも、いたしかたありません。とくにマンションの場合ははじめからついていないと、もう後づけはできません。

人間ばかりでなく猫のためにも床暖房がよいことは、わたしも認めざるをえないところです。エアコンの暖房はどうしても乾燥を助長しますが、床暖房は輻射熱を利用した暖房なので足元から温まり、冷えを感じさせません、猫も床に寝転ぶことで暖かく過ごせます。

ある老猫の飼い主が、マンションの買いかえを考えていました。立地を含めいろいろな条件もあったようですが、とにかく床暖房があることを第一条件にしました。

床暖房の熱源がガスか電気かでも論議があるようですが、温まり方とコストでは、ガスに軍配があがるようです。オール電化のマンションではガスの床暖房は使えないため、床暖房をめぐって頭の痛い選択の連続だったとおっしゃっていました。

さて、昔は、猫が冬を過ごす場所はコタツと決まっていました。

日本建築が当たり前の頃は畳がありましたので、冬になるとコタツを出すことが恒例の行事でした。掘りゴタツというオプションが設置されている家もありました。

いまは電気コタツが当たり前ですが、昭和の頃は豆炭コタツでした。豆炭をいくつも入れたコタツはとても暖かく、そして一日中燃えつづけてくれるため、猫たちは寒くなればいつでもそこで暖をとることができました。

床暖房は、現代のコタツともいえる設備です。スイッチひとつで適温が保たれ、床が温まります。床に寝転ぶ猫にはもっとも適した暖房器具だと思います。

温められた床は猫の体を内側から温めてくれますし、人間にとっては寒さを感じず、なおかつ頭はのぼせずクールに保てるところが、室内全体を暖める暖房にはない長所です。

床暖房がなくて猫を飼っている家では、昭和に戻った気分でコタツを使うといいで

しょう。リビングに置き畳を敷く人もいるようで、現代のマンションライフに合わせてコタツを使うと、新鮮に映るかもしれません。

ただ、コタツの欠点は一度入ると出たくなくなることです。コタツの中から「○○持ってきて」と、コタツの外にいる人に要求したりして、家族から嫌われないようにしましょう。

62 エアコンの掃除を怠けてはいけません

エアコンは、いまや生活になくてはならない家電製品です。夏の冷房だけでなく、冬に暖房としても使われることが多くなってきました。まさに一年中温度調節のために使われています。

ただ、これだけ生活に密着してしまったせいか、エアコンのメンテナンスにはかえって目が向きません。掃除もしなくてはいけないのですが、高い位置にあるのでどうもおっくうになります。業者に頼むのもコストがかかりますし、「動いているからまあいいか」ということになりがちです。

春が終わり暑くなりはじめる頃に**何ヵ月ぶりかでエアコンを動かすと、猫がくしゃみをしはじめる**ということを、わたしはよく体験しています。猫が、鼻水を垂らしてくしゃみを連発するというのです。

これは**エアコンのフィルターについていたカビの胞子が、いっせいに排出されるか**

らのようです。

不思議なことに人間は大丈夫なのですが、猫がひどいアレルギーを起こすので、飼い主は「わたしは平気なのになんで」という顔をします。わたしは感受性の問題ではないかと思っています。そう考えると、人間はけっこう強い生きものなのです。

わたしがはじめに体験した猫のくしゃみ症状は、5月か6月の頃だったと思います。「うちの子が、すごい勢いでくしゃみをしているんです。鼻水が飛び散ってもうすごい状態で」

という電話のあと、飼い主が驚いたようすで猫を連れてきました。ただ病院に着く頃にはそのくしゃみもすっかり治まって、診察台ではいつもの猫に戻っていました。

さかんに不思議がる飼い主さんから事情を聞くと、どうやらその年はじめてエアコンをつけたことがわかりました。

エアコンに黒カビがつくことをわたしも心得ていたので、「いつ頃掃除をしましたか」と聞くと、買ってこのかた掃除をしたことはないと言っていました。

それはいくら何でもと思いましたが、たしかに掃除をしにくいのがエアコンの欠点。エアコンの設置してある壁の下に家具でも置こうものなら、もっと掃除ができないことでしょう。この方の家のエアコンも、つけたはいいけれど掃除できそうにもない位置にあったようです。

メーカーは、シーズンはじめのエアコンの始動時には窓を全開にして1時間ぐらい試運転してくださいと言っているようです。ただ飼い主としては、猫がいると全開もはばかられるようです。

結局この方は業者に掃除をお願いしたようですが、猫が家にいると業者が出入りすることを嫌がる飼い主が多いのも事実です。

つくづく猫は、エアコンと相性が悪いのでしょうか。

63 猫のためにも冷房はつけましょう

夏の暑さが尋常でなくなってくると、わたしたちも夏の過ごし方を根本から考え直さなくてはなりません。

日本では江戸の頃より、暑い夏をいかにして涼しく暮らすか、風流な知恵が示されてきました。行水（ぎょうずい）、井戸で冷やしたスイカ、風鈴の音、日陰で気持ちよく眠る猫、そうめん、金魚売りなど、涼しさを感じさせる風物詩がありますが、これらも30度を超える気候の下では残念ながら機能しません。物理的な高温の前には、精神的な風流はなすすべがないのです。

そこでこんな猛暑に対抗するには、エアコンで温度を下げた室内に逃げこむしかなくなってしまったのです。

と、こんな泣き言を言っていると、東南アジアの暑い国々では夏をどう過ごしているのかについて、興味深い話を聞きました。

「香港では夏になるとカシミアの靴下が売れる」というのです。はじめは冗談かと思っていたのですが、本気で本当の話なのです。その理由は、夏は足が冷えるからだといいます。

香港の夏はもともと「ちょっと暑いね」というレベルの暑さではありませんから、建物の中はもうエアコンをガンガンかけているわけです。結果的に、屋内は冷蔵庫のように寒くなります。

そんなに強力に冷やさなくても、ちょうどいいところで止めておけばいいのにと思いますが、冷房の場合、そういった温度調節はしないそうです。寒ければ何か着なさいという理屈です。

わたしたちは冷房は室温を心地よくするためにかけるものであると思いこんでいますが、暑い地域では命を守るために稼働させるもので、心地よさを求めるものではないというのです。日本はアジアの国でありながら、本当の暑さというものを知らなかっただけなのかもしれません。

飼い主さんがよく言う言葉に「猫は冷房が嫌いだから」があります。冷房をかけるとその部屋から逃げていくというのです。はじめは「何でなのかな」くらいにしか思っていなかったのですが、冷房嫌いの猫が熱中症になってから、考えを改めるようになりました。

猫は暑いのが好きなわけではなく、クーラーの冷たい風が嫌いだということがわかってきました。冬のすき間風が嫌なことと似ているのかもしれません。

猫のためにも、冷房をかけて1枚上に着るという新しい夏の過ごし方を、抵抗はありながら受け入れることが賢明だと思うことにしました。

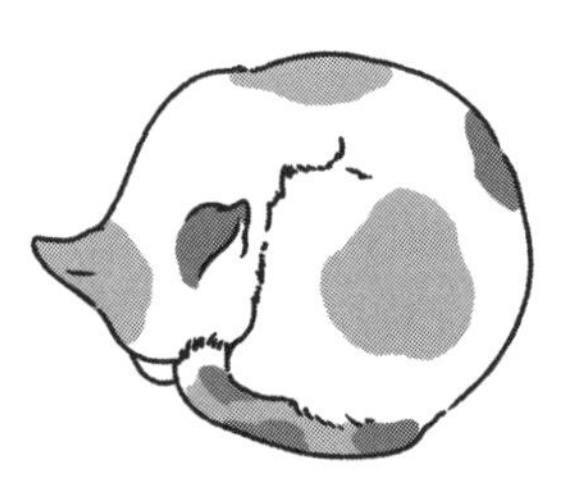

64 夏にエアコンを切ってはいけません

暑いのは昼間だけと言われたのは昔のことで、朝から夜中まで暑さが続くのが昨今の夏といえます。

当然エアコンは生活の必需品です。ひと昔前の、ぜいたく品というイメージはどこかに吹き飛んでしまいました。

新しいエアコンほど電気代もかからなくなりましたが、電気代の節約のため設定温度を上げたり、つけたり消したりしてしまうのもしかたないことです。

ただ、「外出するときには忘れずにエアコンを切りましょう」と言われていますが、**猫を室内で飼っている人はエアコンのスイッチを切ってはいけません。自分がいないので設定温度を上げるというのもよくない**と思います。

室内の温度が体温を上回れば、人も猫も体熱を放散できなくなります。動物は体が熱を生み出し、それを対外に放出しています。それができなくなると熱中症になります。これは死につながる危険な状態です。

人間の体温がだいたい36度、猫が38度と考えると、38度以上の室温は危険だということになります。

人間の場合は汗をかくという生体反応で、体表の温度を気化熱で下げることができます。でも**猫には発汗という作用がありません。**人間より体温は高いのですが、猫は熱中症になりやすいのです。

ましてやコンクリートづくりの建物の場合、前述したように輻射熱という電磁波も加わるので、体温を下げる要因がありません。

熱帯魚の愛好家が室温を25度以上にならないように、ガンガンにエアコンをかけていると聞いたことがあります。熱帯魚なのだから暑さには強いだろうと考えてしまうのですが、熱帯魚こそ温度管理が重要で、室温にともなって水温が上がれば熱帯魚とはいえ死んでしまいます。

猫のためにも、躊躇せずエアコンをかけてください。

夏の暑い日に木陰で猫が昼寝をしているという風景は、遠い昔の話になってしまいました。

65 高い湿度は猫にもよくありません

暑さを不快に感じる尺度は、温度ばかりでなく湿度もあることを知らなくてはなりません。暑いとどうしても「今日は何度まで上がった」ということが話題になりがちです。でも温度ばかりに目がいくと、室温は28度なのに少しも涼しくないばかりか、具合が悪くなりそうだという事態に陥ってしまいます。

湿度と気温の関係はとても重要で、たとえば同じ気温でも、湿度が50%と75%では感じる暑さがまるでちがいます。

日本でも夏になると35度超えの日もあるようになりましたが、わたしの体験したところでは、アリゾナのホテルの駐車場で気温50度というのがあります。大きく息をすると肺に熱い空気が入ってくることを感じるほどでしたが、著しく不快という感じはなく、駐車場を回る汽車に乗って1周できるほどの余裕がありました。

これには湿度が関わっているのだと思います。おそらくとても乾燥した状態で、あのときの湿度は10％以下だったのではないかと思うのです。

それに対して、そこまで気温は上がらずとも湿度が70％も80％もあると、それだけで不快に感じます。

「京都の夏は暑いおすえ」と言われます。東京暮らしで都会の暑さにちょっと自信があったわたしは、真夏の京都に行ったことがありました。するとお墓参りをしてちょっとその辺を歩いただけで、熱中症になってしまいました。

京都は盆地で風がなく湿度が高いといいますが、まさにそのとおりで、東京とは別の暑さを感じました。

さて、猫の話をしなくてはなりません。彼らは暑さには強いと思われています。

しかし、猫の先祖であるリビアヤマネコは乾燥した地域に生息する動物ですから、**猫は乾燥した暑さには適応できても、湿度の高い暑さには弱い**と感じています。

猫にとって適度な温度がどれくらいかというよりも、**湿度が50％を超えるとよくない**と、臨床的には感じています。

人間もその日の快適さを「暑さ指数」という数字で表しますが、それを決める要因の7割が湿度であるということにも合点がいきます。

66 湿度は「絶対湿度」を意識しましょう

湿度のことがどうしても二の次になってしまうのは、それを数字で言われてもいまいち感覚としてわからないことにあるように思います。「いまは湿度75％ですよ」と言われると、75という数字は頭に入ってきますが、それがどのような体感なのかはピンときません。

パーセントで示されている湿度は、空気中に含むことのできる水分のマックスを100としたときに、いま現在水分が何％含まれているかを表すものです。ただ、空気が含むことのできる水分量という条件は、気温によって変わります。それを理解しないと、湿度は体感する不快度と一致しません。

たとえば、湿度75％でも気温が28度くらいまでなら、不快感を感じることはありません。でも30度を超えると嫌な暑さとなり、35度を超えようものならどうにもこうにもならない状態となります。

こうなると「暑い」という言葉だけでは表現できないので、何か言うとしたら「不快」としか言いようがなくなります。

しかし、パーセントで表す湿度（相対湿度）のかわりに「絶対湿度」で表すと、もっと状態を理解しやすくなります。**絶対湿度はパーセントではなくグラムで表示されます。あなたのまわりの空気、1メートル立方の塊にどれほどの水分が入っているのかを表す**のです。

あまり絶対湿度にはなじみがないと思いますが、わたしは**猫と暮らす人はこの数字をとらえて生活すれば、問題なく夏を乗りきれる**と思っています。

湿度が75%の空気で温度が28度なら、絶対湿度は20グラムです。水の量で20cc。けっこうあります。目には見えませんが、そこに存在すると思うとちょっと驚く量です。

気温が34度になると、湿度75%でも絶対湿度は28グラムに増えます。この状態はかなりつらい環境で体にこたえることでしょう。

猫は高い湿度に弱く、絶対湿度が20グラムを超えると途端に体調が悪くなるという印象をわたしは受けています。

気温が34度となっても、湿度が55%なら絶対湿度は20グラムです。暑くても、ずいぶんと楽になることがわかるでしょう。

相対湿度だけでは猫の環境を把握できません、絶対湿度の測れる温度計を手元に置くことをお勧めします。

67 切り花をかじらせてはいけません

おうちに花を飾ることは誰しも望むことでしょうし、よくある日常の風景だと思います。しかしそれが悲劇に変わってしまうとしたら……。そんな日常にひそむ危険を、お話ししなくてはなりません。

もちろん、猫にまつわる悲劇です。このお話は、花は食品ではないという、あまりにも当たり前の事実から始まります。

生花店で並ぶ美しいバラを見て「まあ、おいしそう」とつぶやく人はいません。しかし、その花を一度猫のいる環境に持ちこむと、観賞用ではなくなることを知っておく必要があります。

猫が植物をかじるのは、よく知られた事実です。植物を食べるという人もいますが、猫は植物を食べものとして認識しているのではなく、**噛むための嗜好品として愛している**のです。ですからその猫その猫でさまざまな嗜好があり、猫草として売られている麦の芽にも、よく反応する猫とまるで見向きもしない猫がいます。

猫のかじる嗜好は古くからあります。かつては「ウールイーター」とよばれ、ウールのセーターをかじって穴を開けてしまう猫がいました。現代では、ビニール袋を夢中で噛んでちぎり、挙げ句の果てに吐いてしまう「ビニール猫」も多くいます。

ビニールは食べたところで無害ですが、植物のなかには毒性のあるものもあります。観葉植物をかじって具合が悪くなった、なんていう話はよくあります。観葉植物の種類はとても多く、葉っぱがきれいなものには往々にして刺激を起こす成分が含まれているようです。

しかし、それが悲劇まで起こすことはありません。**死につながる悲劇は、農薬によって引き起こされます。**

現代の切り花は農薬なくしては栽培できません。農作物にも農薬は使用しますが、それには食品に使う前提で厳しい規制があります。さらに、野菜はほとんどの人がよく洗ってから食べると思います。

しかし切り花を買ってきて、よく洗ってから飾る人は皆無でしょう。

わたしは、切り花をかじって中毒を起こした猫を何例も見ています。ある猫は、飾られているカスミ草をかじることを日課にしていました。飼い主も喜ぶ猫のためにそれができるようにしてやっていたのですが、ある日、猫は状態が急変し、黄疸（おうだん）を起こしました。そして治療の甲斐なく亡くなってしまったのです。

　飼い主さんは悲しみのなか、こう言いました。

「いつも、カスミ草を食べて大丈夫だったのに」

68 ループカーペットは危険です

家の中のどこかにカーペットを敷いている人は多いと思います。カーペットの素材は、昔のようにウールのカーペットではなく、現代ではもっと工業的につくられたデザイン性の高いものが好まれるようになっているようです。

その手のものは比較的安価で、化学繊維によってつくられています。猫にとって化学繊維がよいか天然のウールがよいかの話は別にして、カーペットの形状には毛先が切りそろえられたものと、輪になっているループ状のものがあります。

どちらが人間の暮らしによいのかはわかりません。でも猫がいるおうちでしたら、**ループになったものはやめておいたほうがいい**と思います。**猫の爪が引っかかるため**です。

若い猫を飼っているおうちでは猫が走りまわります。そんなところでたまにあるのが、**走っているときに猫の爪がカーペットのループに引っかかって、勢いあまって爪**

が折れてしまうという事故です。

こういったカーペットは毛先が小さな輪になっていて、ちょうど猫の爪が入りこみやすい大きさなのです。そして猫が全力疾走しているときに爪が引っかかると、その勢いとすべての体重が1本の爪にかかるため、爪が根こそぎ取れてしまうのです。

これは猫にとってかなり痛いことです。けっこう血も出ますし、猫も飼い主も何が起きたのかわからないまま大騒ぎになります。

傷口が感染症さえ起こさなければ、その後爪も生えてきますので心配はいりません。ただ、**爪が取れるだけでなく関節も痛めてしまった例もある**ため、どうも猫とループカーペットは相性がよくないと思っています。

わたしもカーペットを買うときには、どのような形状かを気にして売り場で熱心に触ってみますが、ほとんど例外なく店員さんに声をかけられてしまいます。

「このカーペットはループ状になっていることで耐久性が高く、廊下など人がよく通るところでも風合いが失われにくく、掃除も容易で」

と説明を受けてしまうのですが、猫の爪が引っかかるという話を出すのもなんなので、黙って最後まで聞いて、断るのが慣れっこになってしまいました。

69 階段のある家が理想的です

室内飼育の猫は外界から隔離されているため、常に安全で温度の影響も受けづらく、猫にとってほとんど完璧に近い環境かもしれません。

そんな室内猫を外の猫と比べたときのいちばんの問題は、運動不足に陥るということです。飼い主も工夫してキャットタワーを購入したりします。ないよりマシだと思うのですが、キャットタワーひとつで十分な運動ができるとも思いません。

ネズミを飼った人ならわかるかと思うのですが、ネズミの飼育環境において、回し車は必需品です。ふだんはカゴの中でゆっくり動くネズミも、回し車ではものすごい勢いで足を動かして走ります。

実際に外で暮らしているネズミも、走るときには10メートルくらいは全力疾走すると思います。それがカゴの中でもできるということは、ネズミが健康を保つうえでも必要なことなのだと思います。

対して猫は、家の中ではあまり走りません。走りまわれる環境があればいいのですが、せいぜい少しダッシュするにとどまります。

野外の猫も、ひたすら走るということはありませんが、犬に追いかけられようものなら、すごい速さで30メートルぐらいは全力疾走します。しかし家の中で30メートルを走ることはできません。

そこで室内の猫にも回し車を、と考える人もいるようで、実際に販売されているようです。ただ、かなり大きいことと、ネズミのように追いておけば勝手に走ってくれるというわけではないことで、何かを追いかけさせるように誘導しないと走ってくれないようです。

猫には、人間のようにランニングマシンを使って自分から「運動する」という意識は働きません。**猫が走りたくなるような環境をつくらないと、猫は走ってくれないの**です。

わたしは、飼い猫の筋肉のつき具合と家の形状を関連づけて観察してきました。そうすると、3階建ての家の猫とマンションの家の猫ではずいぶんとちがいがあることに気がつきました。

階段があるかないかで、猫の運動環境がかなりちがうのです。

猫は目的をもって階段の上り下りをします。お気に入りの場所に移動するとかトイレに行くとか、そういった**日常の猫の動線を階段とうまく連携させることで、かなり運動量が増す**でしょう。

放っておいては自分からは運動しない猫を、わざと不便な生活動線で動かす工夫は、飼い主にとって知恵の使いどころです。

ふだんの生活から、知らず知らずのうちに動ける環境をつくりあげてみましょう。

70 車から漏れるラジエーターの不凍液を舐めさせてはいけません

ガソリンで動く自動車には、エンジンを冷やすラジエーターという冷却装置があります。ラジエーターは水を循環させているのですが、その水には「不凍液」といわれる0度以下になっても凍らないような性質をもつ液体が使われています。

不凍液の成分はエチレングリコールという物質です。これを口にすると、腎臓にダメージを与えます。

もし車のラジエーターから不凍液が少し漏れて下に垂れることがあれば、その上を猫が歩いたり寝っ転がったりして、体についてしまうことになります。猫は体を舐めますし、不凍液は味が悪くないそうですから、喜んでとまではいかなくても不審がらずに、**体についた不凍液を舐めとってしまうかもしれません。**

以前からアメリカでは、ガレージに猫を入れてはいけないと言われていました。日本では駐車場をエサ場にする猫たちもいるので、ちょっと心配ではあります。

いま、猫と車は近い関係にあるのではないかと思います。外の猫たちが車の下に隠れたり、日差しを避けたりする風景はめずらしいことではありません。

これから自動車がガソリンではなく電気を使うようになれば、ラジエーターも不要となり、不凍液の心配もなくなると思います。でもそれにはもう少し待たなくてはいけません。

ところで、なぜ不凍液のエチレングリコールの味がわかるのか、疑問に思われた方もいるでしょう。誰か舐めた人がいるのかしらと。

かつて、エチレングリコールがワインの中に入っていて、飲んだ人が中毒を起こした事件があったのです。たまたまだったのか意図的だったのかはわかりません。ともかく、味は甘かったのだそうです。

ワインの味がよくなるように入れたともいわれていますが、真偽の程はわかりません。

エチレングリコールは保冷剤に使われていることもあるようで、認知症のお年寄りが頭を冷やすために使った保冷枕を食べたりして、事故になった例もあるようです。

解毒剤もありますが、もしそんなことになったと気がついたら、すぐにお酒を飲ま

せるとよいそうです。エチレングリコールが代謝されて、毒性が出る前に解毒される
からです。
いずれにしろ、猫にはお酒を飲ませることもできません。飼い主がかわりに飲んで
もしかたがないので、猫を不凍液から遠ざけるしかありません。

71 完全なる室内飼いでも、自由に外と出入りできてもOKです

「猫が外に出ると野鳥を獲って食べてしまうので、これは自然破壊になる、したがって猫を野外に出すことは自然保護の観点からよくないことである」

このような主張をする学者がいます。ひとりだけではありませんが、アメリカ系の動物学者は、猫の室内飼いを奨励する傾向にあります。

いまアメリカでは獣医師もその方向に動いていて、「猫は室内」という雰囲気が強くあります。

一方ヨーロッパでは、昔ながらに猫は外に出るのが当たり前として考えられています。

イギリスでは、素敵なお庭に猫というイメージがあるのではないでしょうか。イタリアでも、猫は路地のベンチでおじさんといっしょに昼寝しています。

外に出すべきか室内に入れるべきか、猫のあるべき姿をめぐって学者同士が論争し

ます。

イギリスの学者は言います。「猫は野外に出て鳥を獲ってくるかもしれない、しかしその鳥は元気な鳥ではなく落鳥寸前の鳥であって、猫が獲らずとも死ぬ運命であったのだ」と。

アメリカは反論します。「ヒナを獲るではないか、これが自然破壊と言わずしてなんなのだ」

イギリス「そんなこと言ったら、おたくの国の高層ビルにどれだけの渡り鳥がぶつかって死んでいると思っているのだ」

アメリカ「高層ビルがないことをねたんでいるんだろう。古い建物でいつまでも暮らせばいい」

イギリス「あんたの国の潜水艦にどれだけクジラが迷惑していると思っているんだ」

このように議論は白熱するのですが、わたしとしては、猫を自然破壊の加害者に仕立てあげたら「人間こそはどうなの」で終わってしまいそうです。いずれにしろ、猫を室内のみにするか外に出していいかの議論は、なかなか収束しないと思います。

日本はというと、いまのところアメリカ寄りの意見に傾いています。

猫が外にいてはいけないとは行政は言いません。ただ室内飼いが望ましいと言っていますし、それに対してとくに市民からの反論もありません。

わたしは、本当は猫が家のまわりを自由に歩きまわれるような街がいいなと思っています。しかし実際には道には車が走りますし、猫が他人の敷地内に入りこむのをあまりよく思わない隣人もいるようです。

このことについて議論はいいかもしれませんが、けんかはよくありません。正しい議論の場をもちたいものです。

72 猫の発情はようすを見つつ薬でコントロールしなければいけません

メス猫を飼っている人で、その猫が発情するとどのようなことが起きるのかを、具体的に知っている人は少ないかもしれません。

多くの人が想像するのは、メス猫の発情はものすごい状態で、夜となく昼となく大声で鳴いて、人は夜安眠できず、近所からも苦情が来るという話ではないでしょうか。

たしかにそういう話も聞きますが、すべての猫がそのようにパワフルに発情するわけではありません。

「発情するとゴロゴロして寄ってくる」「いつもは寄りつかない夫の膝の上に乗る」など、意外な面を見せてくれることもあります。ベタベタ猫なら別ですが、いつもはそっけない孤高の猫の場合、「発情してくれるとかわいい」と飼い主は声をそろえて言います。

それでもなんだかそわそわするし、食欲も一定しない。いつもは静かなのに鳴くという、生活の変化はあります。

これが家から自由に外出する猫なら妊娠するかもしれませんが、家の中だけで飼っているならば、その心配はありません。

ただ、飼い主がその姿を見るのがつらいようにわたしは思っています。よく、

「発情しているときはつらいのでしょうか」

と聞かれます。

「正常の猫の行動なので、つらいとは思えません」

と答えますが、飼い主は、なんとかなりませんかという目をしています。

わたしはこのような飼い主の猫には、黄体ホルモンを処方して飲んでもらっています。人間のピルのようなもので、飲んで明日に止まるとは言いませんが、3日目には静かになります。

その後も日を空けて、継続しながら飲んでもらいます。

発情の状態は猫によりさまざまですし、飼い主の求める「うるさくない状態」というのも個人によってちがうので、みなさんがそれぞれ調節して折り合いをつけながら生活しています。

わたしは**猫が発情することは生理的にも健康的にもいけないことではなく、むしろある程度はするべきですし、それが自然**だと思っています。ですので、薬で徹底的に抑えこみましょうとは言いません。

ただ発情が強いと、オシッコを変なところでしてしまう猫もいます。そうなれば飼い主も生活に困ります。ですからそのあたりは**薬を使ってコントロールはしてもいいのです**。

人間の女性も、ピルはいままで避妊薬として使われてきたイメージがありますが、現在は月経前症候群のコントロール薬として低用量ピルの処方がされるようになっています。

男女雇用機会均等法で女性の生き方も変わってきたのですから、メス猫の生き方も変わってもいいと思います。

73 避妊手術をする前に、何のためにするのか考えなければいけません

猫を飼う人がまずはじめに病院を訪れる目的の多くが、ワクチン接種です。そのときに、「避妊手術はいつ頃したらいいでしょうか」と尋ねられることがよくあります。じつは、この質問に答えることは大変難しく、「きっと、聞いてくるだろうな」と内心思いながらもどう答えたら納得してもらえるか、その人をじっと見つめてしまうこともあります。

まずなぜ避妊手術をするのか、その目的をはっきりさせなくてはなりません。ただみなさんは、まわりがしているようなのでなんとなく、としか答えられないことがほとんどです。

「子宮がんや乳がんにならないためです」とどこかで読んだようなことをそのまま言う人もいます。

「そうですね、乳がんは嫌ですよね。でもご自分でも乳がんや子宮頸がんにならない

ように、避妊手術をしたいと思いますか」と聞いてみると「私はしません」とはっきり答えます。

まったくそのとおりだと思います。

いったいどこに、子宮頸がんの予防に子宮を取る人がいるでしょう。

屋外に猫を出す人は妊娠を避けたいという目的があるかもしれません。でも室内だけで飼っているとしたら、何のために手術をするのかよくわからなくはないでしょうか。

「発情すると困るからです」と言う人もいます。

でも**初発情は猫の体が大人になる儀式のようなもの**で、ダメなことではありません。ある意味受け入れるべきことなのです。

発情はエストロジェンという卵胞ホルモンを放出している状態です。体にも精神にも作用するので、その行動を全体で「発情」と表現します。

エストロジェンは若さのホルモンといわれ、女性にしてみれば体を若々しく保つ秘密兵器のようなものです。**避妊手術をすれば発情も起こりませんが、エストロジェンも失ってしまいます。**このことを忘れてはなりません。

人間の女性の間では更年期障害が大きな問題となってきています。避妊手術は猫に人工的に更年期障害を起こさせることにはならないでしょうか。

わたしはメス猫の人生で、避妊手術が何か体に不都合を起こしているのではないかと推測しています。

いままで獣医は社会的な観点から、メス猫に避妊手術を勧めてきました。同時に、避妊手術は健康に何も影響しないとアナウンスをしてきました。はたしてそう言いきってもいいのか。人間の都合だけが先走りしていなかったのか。

わたしも多くの猫に避妊手術をしてきましたが、いま、自問しています。

74 避妊手術のタイミングをしっかり見きわめましょう

避妊手術の最適な時期はいつなのか、よく聞かれます。最適という言葉の意味も角度を変えるといろいろありますが、手術を行う獣医師としては、お腹に脂肪がついていない時期のほうがやりやすくはあります。

ですから**生後4ヵ月ぐらいまでが推奨される時期**となるのですが、これは医学的に何か根拠があって、言うことではありません。

メス猫は早い子で6カ月齢くらいで発情が起きます。ただ平均としてはもう少し遅くて、1歳になるまでにはみんなはじめての発情をする、と言ったほうが正確です。

この初発情ですが、食べているものによって早くなる傾向があると考えられていま す。昔風にいえば、栄養がいいと早いというわけです。発情は子どもを産むための準備ですから、母親になるために体に余裕がないといけません。それはたしかに理屈です。

ですから、野生のヤマネコであれば、エサの豊富な場所に住んでいるメス猫は、妊娠に適しているといえます。

人間にエサをもらっている猫は、そのほとんどがキャットフードを食べています。キャットフードはエネルギーとしての糖質がほどよく含まれていますので、育ちざかりの若い猫がどんどん食べると、よっぽど動かない限りエネルギー過多になります。

これは人間も同じことなのですが、「育つ」ということには脂肪とタンパク質が大量に必要です。エネルギーとしての糖質は、それに見合った量があればいいので、動くなら動くなりに食べていただければそれでいいのです。

エネルギー過多になって脂肪をある程度蓄えた猫は、発情します。**発情はエストロジェンという卵胞から出るホルモンの作用で起きます。エストロジェンは猫が成長するうえでは必要なホルモンですので、発情前に手術してしまうことは、正しい成長を妨げる**ことになります。

結局いつ手術をするのがいいかという答えは、受けさせるほうと手術をするほうの都合で決まってしまいます。

発情が起きては絶対ダメだという条件の飼い主なら、発情前に手術をするしかないのかもしれません。

でも**なるべく早くではなく、なるべく遅くするべき**だと思います。

そしてもうひとつの条件は、猫コロナウイルスが陰性であることを確かめてから行うことです。

手術後にウイルスが動き出し、重症化型のＦＩＰ（猫伝染性腹膜炎）を発症することがあるからです。

75 猫のコロナウイルス感染を防ぐにはトイレを別々にしなければいけません

人間の新型コロナウイルス同様、猫のコロナウイルスも感染させないように気を張らなくてはなりません。

ところで、猫同士で感染する猫コロナウイルスはどのようにして防げばいいのでしょうか。猫は人間のように、手を消毒したりマスクをすることはできません。

まずは、自分の猫がコロナウイルスに感染しているか否かを知ることが必要です。糞便のＰＣＲ検査により結果が出ますので、陰性であればそれで問題ありません。

室内飼いの猫は、ふだんの環境自体が「ロックダウン」です。外の猫と接触しない限り、何も心配することはありません。

ただ、もし新しく猫を迎えようとなると少しやっかいです。

まずは新しく入ってくる猫にＰＣＲ検査をして、陰性であればそのまま迎え入れればいいのですが、もし陽性と出たら少し考えなくてはなりません。

そのまま迎え入れてしまえば、いま家にいる陰性の猫も陽性になってしまうことでしょう。それを避けるため、新しく迎え入れる猫を陰性になるまでどこか別の環境で飼わなくてはなりません。

それがいちばんの方法ですが、もしどうしても家にということであれば、家の中に新しい猫だけの空間をつくり、陰性になるまで待つのがいいでしょう。どれくらいの期間とは一概に言えませんが、きちんとした免疫をもっていれば、数ヵ月で陰性に転じる可能性は高いはずです。

コロナ陽性の猫を陰性にするには、ひとりにしなくてはならないということが基本です。

もしそれができずに2匹の猫をいっしょに飼うことになったら、コロナウイルスは陽性の猫から陰性の猫に感染し、その空間はコロナウイルス感染区域となります。

そしてウイルスは糞便に混ざって排泄されますので、2匹の猫はお互いにウイルスにさらされて陽性の状態が続きます。

1年を過ぎて成猫となれば、**コロナウイルスは陽性でも、その重症例であるFIP（猫伝染性腹膜炎）を発症する確率はずっと減ります。FIPは、致死率ほぼ100**

%の病気です。つまり、成猫になれば、死亡の危機は遠ざかります。ただどちらかの猫が1歳未満でしたらまだＦＩＰを発症してしまう可能性はあります。その場合はやはり、陽性と陰性の猫をいっしょにはしないほうがいいのです。

猫のコロナの場合、糞便が感染の重要なポイントになります。

「トイレを分けて使って」とは言っても相手は猫なので、そのお願いは通じません。大変ですが、陰性になるまで隔離するしかありません。

76 子猫が産まれたら飼い主を募集しなければいけません

家畜のなかで「妊娠してはいけない」と言われてしまう動物は、猫ぐらいなものだと思います。

牛も豚も馬も、獣医は繁殖学という学問でもって、いかに妊娠させるか、どれほど効率よく交尾させるかを考えます。牛にいたっては、いまや人工授精が当たり前。生まれてくる和牛の子どもたちのお父さんは、みんな同じなのです。

とにかく増えてもらわなくてはなりませんので「産めよ、増やせよ」が常識の世界です。

一方猫は、妊娠しては困るという考えが一般的にあり、メス猫を飼ったら避妊手術をしなくては、と多くの飼い主が思っています。

「妊娠して子猫が産まれてきたらどうすればいいんだろう、困るわ」と考える飼い主がほとんどなのです。

社会的にも、メス猫が妊娠してしまうと、その飼い主は「無責任だ」と責められる傾向があります。面と向かっては言われないかもしれませんが、自分の猫が妊娠して飼い主募集などをすれば、「自分で飼えないくせに妊娠させるのはおかしい」と言われかねません。

何か筋が通っているようにも思えますが、自分のうちのメス猫が子どもを産んで、**産まれた子猫を誰かにもらってもらうことは、昔から当たり前のこと**ではなかったのでしょうか。

産まれた子どもをすべて自分の家で飼うということは、昔でもなかったことだと思います。

これは**たくさん飼うのがダメだとかいう問題ではなく、「猫の親子は別々の環境で生きていく運命にある」という、動物学的に当たり前の発想**です。

石井桃子著『山のトムさん』は都会から農家に引っ越してきた家族が猫をもらい、ともに暮らす話です。このお話には、猫のトムをもらうまで待つ間の期待ともどかしさがよく描かれています。

猫にとって、産まれた環境は母親のテリトリーです。子どもたちはいずれ、自分のテリトリーを探すために出ていかなくてはなりません。

猫の祖先であるリビアヤマネコであれば、子どもたちは母親のもとを離れて自分で旅に出るのでしょう。時代がくだり、猫として人間と暮らすようになって、今度は**人間の手を借りて新しい飼い主のもとで自分のテリトリーをつくる。**それが猫と人間のルールになったのだと思います。

いつの間にかさらに新しいルールができて、猫は妊娠してはいけないようになってしまったことが、わたしには不思議に思えます。

77 母乳の出ている母猫から子猫を離してはいけません

肉食動物である猫をはじめ、私たち人間も草食動物の牛や馬も、母親から母乳を飲んで育つ哺乳類というくくりでは同じ生きものです。母親から母乳をもらう時間は生きものそれぞれですが、**猫の場合は最低3ヵ月は必要**です。

たしかに、2ヵ月になれば自分で食べはじめるのですが、それでも母乳は成長には必要です。**母乳が出て母親が授乳を受け入れる限り、子猫はそれを飲むべき**であると思います。

これは子猫の将来に関わる問題で、目の前の栄養的な問題ではありません。免疫の成立と体が大きくなる成長とは、別立ての問題なのです。栄養状態はあとから挽回できても、免疫の成立は子ども時代を逃すと難しくなります。

猫が母子で暮らす期間は6ヵ月くらいしかありません。母乳が出る限り、子どもたちは吸いたがります。

なんでも食べられるようになって大きな体をした子猫が、それでも母親の母乳を飲みたがるのはなぜなのか、疑問に思うかもしれません。そこには近い将来に別れなくてはならない母子猫の運命（さだめ）と、遺伝子以外にも母親から受け継ぐことができる、生きるために有利な武器を手に入れたいという本能からそうするのではないかと感じています。

母親の乳首はみんなに吸われすぎて、伸びて長くなってしまうほどです。見た目は変ですが、そのようすからは産むだけではない、子育ての大変さを感じます。

昨今はいろいろな事情で、人間の手により、子猫がまだ母乳の出ている母親から離されています。

事情は理解するとしても、獣医の立場からは**1日でも長く子猫には母乳を吸っていてもらいたいし、母親とともに過ごしてもらいたい**と思っています。

猫の母親は子どもを過保護にはしませんが、しっかりと育てようとします。母親の猫としての魂のエキスを母乳に変えて、次世代に伝えます。

猫の売買は、母猫の魂を金銭に換えるビジネスであり、たとえそれが法律にしたがっていたとしても、自然の摂理にも動物の倫理にも沿っている行為とは思えません。なるべく早く母親から離して人間に服従させる行為は、犬では行われますが、それは猫には通用しません。そうやって1万年を過ごしてきた猫と人間の歴史が、現代に猫を存在させているのです。

猫も人間も哺乳類であるという原則に立ち返り、見つめる社会を望んでいます。

78 猫によい名前をつけてあげなければいけません

「猫を飼うぞ」と意気込む人は、名前にもこだわります。当たり前のことですが、よい名前をつけたいのです。しかし、猫にとってよい名前とはなんなのでしょう。人間の子なら、美しい娘として育ってほしくて「美」という文字を使ったり、「優」「健」などと漢字が意味するところを人生に当てはめてみるのですが、自分の飼い猫にはどのような人生を望むのか、意見は分かれるところでしょう。

家の中で飼っている猫に強くあれと願うのは少し変かもしれませんが、「タイガー(大河)」などはオス猫によく見られます。

感覚的にメス猫には「ミミ(美美)」、ちゃんまでつけて「みーちゃん」などはよい命名のしかただと思います。

流行りのキャラクターの名前をそのままつける人もいます。アメリカにいた時分、病院に連れてこられるオスの子猫がみんな「シンバ」という名前だったときは驚きました。ディズニー映画『ライオン・キング』は猫の名前に大きな影響を与えていたのです。また定番として、明るい茶色の猫に「パンプキン」という名前をつけるのもアメリカ的といえます。

ただ概していえば、猫の名前も人の名前と同じ感覚でした。ただ呼びやすいように「トム」とか「ビル」とか短い名前でつけます。会話の中でも he や she を使いますので、それほど凝った名前にはなりません。

かたや日本でも、猫の名前には変化が現れています。いままでは、猫の名前は見た目そのままのものが多く、白い猫は「白ちゃん」で黒い猫は「黒ちゃん」、お腹が白いと「腹白（はらじろ）」、しましまなら「トラ」、グレーなら「グレちゃん」、「ミケ」「チャトラ」「チビ」などでしたが、いまは人間のように、男の子なら「タクヤ」「ケント」「リュウ」「リク」、女の子は「そら」「のあ」「るい」「くるみ」「ここ」「はるな」など、聞いていて心地のよい好感度の高い名前が目立ちます。

ちょっと源氏名みたいですが、**呼びやすいことも大切**です。

昭和の頃の猫との出会いは、ある日庭にやってきて鳴いているのでエサをあげた、というものが多かったと思います。だから猫に名前をつけるという感覚は弱くて、見た目や鳴き声など感じたままで「ニャー」「ミー」「ピー」と呼び、いまのようなバリエーションはありませんでした。

それでも一度つけた名前は変えられないので、**呼びつづけているうちに、それがその猫にぴったりの名前になる**から不思議です。

そういえば印象に残った名前で、グッチという名の猫がいました。あの有名ブランドのことかしらと思いその由来を聞いてみたら、「グッドなチビちゃん」の略ということでした。

79 「猫には種類がある」という考えは正しくありません

わたしたちのまわりの猫たちは、いろいろな模様と色の毛をもっています。黒い猫と白い猫ではその色の性質も正反対ですが、黒猫、白猫という種類がいるわけではありません。どちらも猫にちがいなく、毛の色が黒いか白いかだけのちがいです。

一般的に猫の種類と思われているのは猫の色柄であって、本当の種類という意味ではありません。

たとえば、人間も皮膚の色にちがいがありますが、その色で種類を分けることはできないことは周知の事実です。「黒人」「白人」「黄色人種」など、肌の色で人間を種類に分けることは生物学的にもできないことです。ましてや、足の短い人や鼻の低い人を分類して、人間の種類と認定することはありません。

しかし**猫の世界では、そういった毛の色や模様、体型の特徴を種類と見なして品種と称しています。**

品種には名前がそれぞれついていて、そういった猫たちの系統がどのような土地から続き、いまに至っているのかというストーリーがつけられています。これは商品のカタログのようなものです。

猫の色や形はまったくアットランダムに、遺伝の法則によって現れます。色の遺伝子は複雑で、たとえば黒と白の両親からグレーの子どもが生まれる確率は、かなり低くはありますが、確実にあります。それで今度はグレーの猫同士を人工的に交配させて系統をつくっていけば、グレーの猫ばかりの家系ができます。

これが品種といわれるもので、生物そのものの種類とはちがいます。

Tシャツにもさまざまな色があるようなものです。ときに長袖であったりするかもしれませんが、みんなTシャツという種類です。猫の種類というのは、これと同じことなのです。

Tシャツに襟がついていたり、前が開いていてボタンがついていたりすると、これはTシャツではなくなります。ポロシャツとかジャケットとか別の種類の洋服です。これを猫にたとえると、ベンガルヤマネコや、イリオモテヤマネコということになるでしょう。

80 オスの三毛猫も存在します

三毛猫にオスはいないという話を聞いたことがあると思います。これは雌雄を決めるXとY遺伝子に、三毛猫になる色の遺伝子が関わっていることによるのですが、これを医学的にお話しすると、「生殖のできる三毛猫のオスはいない」ということなのです。

ですから**「三毛猫にもちゃんとオスがいますよ、でも非常にめずらしい**ことなのです」と言わなくてはなりません。

雌雄（性）を決める「性染色体」はオスがXY、メスはXXです。そしてX遺伝子が2つないと、三毛の色が出ないということがわかっています。それならXXのメスしか三毛猫はいないではないかという話になるのですが、遺伝の世界はちょっと変わっていて、XXYとか、ときにはXXXYなんていう遺伝子をもつオスがいます。見た目ではわからないのですが、X遺伝子を2つ以上もっているのです。

Xが2つあるならメスなんじゃないかと思うのですが、いくつX遺伝子があっても
Y遺伝子があれば、もうそれはオスということになるのです。
オスとメスを決める遺伝のルールは、「**Y遺伝子があればオス**ですよ」というひと
ことになります。

ただこのルールも、雌雄を決める遺伝子はXとYであるとしか言っていません。対
で2つだけとは言っていないのです。ほとんどが2つではあるのですが、3つの場合
や4つの場合も、まれではあってもありうることです。これは特段、ルール違反では
ないのです。メスはY遺伝子がないことでメスなのですから、XXでもいいのですが
XXXでもいいわけです。

このように、オスとメスを決める遺伝子はけっこう柔軟です。
父親がXYで母親がXXの場合、ふつうはそこからそれぞれ2つ取ってオスメス
を決めるのですが、3個取ってしまったり4個取ってしまったりすることもあるとい
うことです。

三毛猫ではオスはいないという話がよく出てきますが、実際には存在しているよ
うに、じつはほかの色の猫でもXXYのオス猫はけっこういるのではないかと思っ

ています。もちろんＸＸＸのメス猫もいるのでしょうが、見た目にはわからないし、あまり問題にならないだけなのだと思います。

人はめずらしいと思えば話題に上げるものですが、黒猫のＸＸＹのオスがいたとしても、気がつくこともないし話題にもならないことでしょう。三毛猫については毛の柄の遺伝子と性を決める遺伝子が同時に関係したという例でたまたま知られているだけです。

猫にも人間にも、柄による性格のちがいや能力の差はありませんので、安心していただきたいと思います。

81 三毛猫は日本にしかいない猫ではありません

三毛猫は日本の猫と思われるかもしれませんが、じつは世界中にいます。三毛猫が日本的な猫であると思われた理由には、浮世絵にたびたび登場する猫が三毛だったからではないでしょうか。

猫を絵に描くにあたり、難しい柄というのがあります。とくにトラのようなしま模様を精密に再現することはなかなか骨が折れます。かといって、単色の白や黒の猫は色をつけることには問題なくても、できあがったときにどうもパッとしない印象を受けやすいでしょう。

しかし、白の猫にも黒い部分がそこそこにある柄にすると、急に立体感が出ます。さらに茶色を加えて三色にすると、猫の体が生き生きとしてきます。

とくに浮世絵のような版画であればその利点は顕著に出るので、好んで使われたのではないでしょうか。

猫の繁殖家は、浮世絵からインスピレーションを受けてジャパニーズボブテイルという品種の猫をつくりました。アジアに多い、曲がり尻尾の猫の遺伝子も利用して、カギ尻尾で三毛の猫をそう呼んだのです。これが西洋人から見た日本猫のステレオタイプといってもいいでしょう。

ただ**この猫の系列は遺伝的な壁に阻まれて、「三毛猫一家」という家族を生み出すことはできません。**オスにもまれに三毛猫がいることは前述のとおりですが、三毛猫のオスは遺伝的には不妊で子どもをつくることはできません。ですから、「三毛猫」という品種をつくりあげることはできなかったのです。

三毛猫のオスは、神がかった存在として日本でも珍重されました。とくに船乗りは航海の安全を願うため、縁起の良い猫としてオスの三毛猫を船に乗せたといいます。

わたしは、一度だけオスの三毛猫を診察したことがあります。体がふつうのオス猫よりもふた回りくらい小さかったのですが、元気で健康な猫でした。

このめずらしい猫と出会った飼い主が、人生で大きな幸運を手に入れたかどうかは定かではありませんが、少なくとも猫を飼っているという幸せは手に入れていると思います。

82 生物学的に「雑種は強い」ということはあります

「血統書付きはどうも弱いね」「雑種は強いよ」こんな言葉を昔聞いたことがあります。犬についての話だったと思いますが、遺伝のことを知らない人でもなんとなく感覚で、血統のよい犬は弱いのだと言いきっていました。

近親交配でできてきた血統を暗に批判した言い方かもしれませんが、本当はもう少し深いところに意味があるようです。

家系のよさを誇ってきた一族の御子息で体の弱い子がいたりすると、家系の批判があらぬ方向に向いて、「血統書付きは弱いけど、雑種は強いんだ」となります。

しかし、**犬の血統書と人間の家系はまったく別の話**です。これは、人間の妬み心と遺伝的な問題がごっちゃになり、庶民の強さを「雑種は強い」と言いかえているのではと思います。

わたしの子どもの頃は、犬を飼っている人でも「血統書付きなら大事にするけど、うちの犬は雑種だからね」と言うのがふつうのことでした。そんな理由で、犬小屋さえあたえられなかったかわいそうな犬を知っています。

しかし真の意味で、生物学的には血統書付きの動物は弱く、雑種は強いという話があります。これは「雑種強勢」と呼ばれるもので、馬とロバの間から生まれるラバの例があります。

馬は、体も大きく速く走れる動物です。しかし持久性という点では優れているとは言えません。長い距離を歩くことが苦手なのです。一方ロバは体も小さく、速く走ることはできませんが、持久力に優れ、長い旅に耐えうる体力があります。

そのどちらの長所も取ろうと考えて人工的にメスの馬とオスのロバをかけあわせて生まれてきたのが、ラバです。

ラバは馬より速くありませんが、ロバよりも速く走ることができ、またロバのような持久力があります。ロバより大きな体のため、荷物もロバよりたくさん運べます。

これはたしかにいいとこ取りで、人間にとっては好都合なことです。ただ、ラバは一代限りの動物で、子孫をつくることはできません。

ですからラバをつくろうとすると、その度に馬とロバを交配させる必要があります。

83 猫に「雑種」の定義を追い求めてはいけません

猫に雑種はいるのかと聞かれると、ちょっとかんたんに答えることはできません。「いたりいなかったり」というあいまいな答えになってしまいます。

はっきり言えるのは、**よく見る三毛猫とか、黒い猫とか白黒の猫なんていうのは、家猫であって雑種猫ではない**ということです。**アメリカンショートヘアーとか、ロシアンブルーという横文字の名前の猫はいわゆる「品種猫」であって、生物学的な猫の種類ではありません。**

ですから、アメリカンショートヘアーのオスと、ロシアンブルーのメスをかけあわせて生まれた子猫たちがどちらの品種を名乗るのかはわかりませんが、どちらの名も名乗れないということであれば、「雑種」というちょっと不名誉な称号を得ることとなるのかもしれません。

なにしろこの品種の制定という世界観は、一見生物学に基づいているように見えて、じつのところ、血統とか家系という旧体制の感覚でとらえられているのです。

たとえて言えば、佐藤という人と伊藤という人が結婚したときに、子どもの名前が佐藤でいいのか、伊藤でいいのかという話になり、佐藤同士の結婚でなければ佐藤とは名乗れない、伊藤も伊藤どうしでなければ伊藤とは呼べないので、子どもは雑種ということになっちゃったという、ちょっと浮世離れしたことを言っているのと同じことなのです。

この話は、ハプスブルク家の話に似ています。ハプスブルク家は中世のヨーロッパで勢力を拡大していった挙げ句、同じハプスブルク家の者としか婚姻しないことが続くようになり、最後には途絶えてしまったのです。

つまりハプスブルク家は「雑種」を出すことを嫌ったわけです。家系に変にこだわると、その守ろうとした家系を逆に途絶えさせてしまうことになってしまいます。

84 メス猫が妊娠したときの判断は悩ましいものです

飼っているメス猫が妊娠したときに出産を望む飼い主は、わたしの記憶では、あまりいません。仮に**産まれたところですべて飼うことはできないし、誰かにあげるにしろ、すべての子猫を紹介しきれる保証はない**というのが理由です。

ただこれは、ふつうの猫、つまりブリードキャット（人為的交配で生まれた猫）ではなくドメスティックキャット（自然交配で生まれた猫）の飼い主の話です。

もし猫をほしいという人が山のようにいて、家の前に「子猫差しあげます」と張り紙をしたらあっという間に引き取り手が現れる、というのであればよいのですが、現実にはそうではありません。

そんなわけで飼い主は猫の妊娠を望まないのです。

室内だけで飼っていれば妊娠することもありませんが、外に出る猫ならどこかで妊娠してしまうということは十分にあることです。そこで、それを避けるために避妊手術をしましょうということになります。避妊手術を受けることは猫にとってもそれなりに負担になるのですが、飼い主にとっては選択の余地がありません。

でも、もしメス猫がブリードキャットならどうでしょう。アメリカンショートヘアーのメスを飼っている飼い主が、この猫が出産した子猫をどう扱うでしょうか。

子猫がアメリカンショートヘアーであれば売れるわけです。

家の前に「アメリカンショートヘアーの子猫差しあげます」と張り紙などしたら、遠方からでも人が来ると思います。

なんとも皮肉なことですが、**ドメスティックキャットは妊娠されると困るが、ブリードキャットは歓迎です**という話なのです。

もっとも、アメリカンショートヘアーがどこか外に出かけて勝手に妊娠して生まれた子どもは、アメリカンショートヘアーとはいえないでしょう。正しくは「アメリカンショートヘアーの産んだ子猫差しあげます」となります。ただ、この張り紙では、ほしいと思う人は少ないということになるのです。

なんだかとんち話みたいですが、わたしは自分の診る猫でこの3とおりの妊娠を経験しています。けっきょく、すべての例でどうにか子猫はもらわれていきました。

85 猫の品種改良は猫にとってプラスだったのでしょうか

品種改良という言葉から、どのようなイメージを連想するでしょうか。

まず植物を連想すると思います。きれいな観賞用の花は、自然種を品種改良して、より大きくより華麗になるように選択交配をしていくのです。

花の中でももっとも品種改良の恩恵にあずかっているのはバラかもしれません。バラの種類の多いことといったらありません。野菜も、品種改良によりおいしくなっています。米を例にとればさらに身近に感じられるでしょう。

では、動物の品種改良というのはどういうことなのでしょうか。

象やキリンの品種改良というのは聞きませんが、それは野生動物だからです。動物の品種改良は家畜に限って行われます。

家畜といえば、牛や豚がいちばんわかりやすいでしょう。豚はイノシシを家畜化したもので、その見た目はずいぶんと変化しています。豚は食べるために家畜化されたので、より大きく肉の部分がたくさんあることが望まれます。イノシシは上半身が全体の7割を占め、可食部は3割ぐらいということですが、反対に豚は可食部が7割以上あるように変化しています。頭は、イノシシに比べて極端に小さくなっています。食べるという目的に特化して品種改良を行ったことで、イノシシとはまるでちがう容姿になってしまったのです。

猫の世界にも品種改良はあります。 しかしその目的は食用ではありません。**あくまでも愛玩用であり、飼育するための品種改良**となります。

品種改良された猫たちはそれぞれ品種名をつけられ、誕生のストーリーが付加されますが、この猫たちによくなったことはあるのでしょうか。

猫の品種改良が行われはじめたのはイギリスのビクトリア時代。まだ100年ちょっとしか経っていません。

その前から猫は人々に飼われてきましたが、品種改良をしなくてはいけない必要性はまるでありませんでした。ネズミを獲ることが仕事でしたので、それについては改良の余地がなかったのです。

わたしは、猫の品種改良は、猫に対して多大な苦痛をあたえたと思っています。

86 寿命をまっとうする猫はほとんどいません

猫の寿命はいったい何年でしょう。10歳で命を終える猫がいると思えば、わたしがいままで診察した最高齢の猫は26歳です。

ずいぶんちがう年月ではありますが、長くとも短くとも、猫の一生という意味では同じです。

だいたい猫は15歳で寿命を迎えると考えられていますが、わたしはそうではないと思っています。15歳は現代の猫が死亡するいちばん多い年齢であって、それは猫の寿命ではないと思うのです。

わたしの経験からも猫の寿命は26歳以上であり、ギネスブックを信用すれば35歳以上といえると考えています。なぜなら、**その生きものの寿命とはいちばん長く生きた個体の年齢であり、生きものは寿命以上を生きることがない**と思うからです。

つまり、35歳まで生きた猫がいるとしたら、その猫は寿命を超えた特別の存在なのではなく、寿命にもっとも近くまで生きた猫であるということなのです。

生物には寿命というものがあったとしても、ほとんどはその前になんらかの理由で死んでしまっていて、寿命をまっとうしていないのだと考えると、納得がいくと思います。

野生で生きる動物は誰かに捕食されて、寿命を生きることはできません。動物園で飼育されている野生動物が長く生きるのは、まずは捕食されないことにいちばんの理由があります。事故にもあいませんし、食べものにも不自由しません。

猫もよく寿命が延びたといわれることがありますが、そういうことではないのではないかと思います。

「キャットフードのおかげ」とか「進んだ医療のおかげ」とかもちあげられますが、いちばんの理由は室内飼育が多くなったことではないでしょうか。

わたしは以前、海に面した小さな町で仕事をしていたことがあります。海に沿って国道が走り、家々はその国道に沿って広がっていました。田舎ですが、国道の車の往来はそれなりにありますので、猫はよく事故にあっていました。

後足を骨折したり骨盤を骨折したりすることが多く、日々その治療に追われていました。

車が猫に当たるとき、ほぼ逃げられたとしても、体の後ろを引っかけられて骨折するようです。頭や胸、胴体が当たればその猫は死んでしまいます。

事故で命を落とせば、寿命まで生きられなかったことを意味します。

寿命をまっとうするためには、警戒心と賢さも備えていなければならないため、健康だけが寿命をまっとうするための条件でないことがわかります。

87 猫が亡くなっても悲しんではいけません

猫を飼う人には素晴らしい時間があたえられることを、わたしは知っています。

そして、その時間があるからわたしたちは毎日を生きていけるのだ、とすら思っています。

猫と暮らすことは何気ないことかもしれませんが、芸術家はインスピレーションを猫からもらい、子どもたちはいっしょに寝てくれる友だちをもちます。

お年寄りは安らぎを得、不安をネコが舐めとってくれます。

働く者は、日々の苦しみのなかに暖かい毛並みの命を感じ、自分も生きていることを悟るのです。

その猫が、いつか息絶えて自分の前からいなくなるなんてことを考えることはありません。

自分がいて猫がいる。これが現実で、それ以外の事象は現実ではない夢のような世界だと思っています。

夜眠って、夢を見て猫が出てこなくても、目を覚ませばそこには猫がいる、これが現実です。

猫が亡くなれば、目の前からいなくなり触ることはできません。しかし**夢を見さえすればそこには猫がいて触ることもできる**のです。

猫と暮らす人はあるとき気がつくはずです。目の前にいる猫は現実で、猫と会話している自分は空想の世界にいるのだということを。

だから猫が亡くなっても悲しがらなくていいのです。

あなたの猫はもうあなたに入りこんでひとつになっているからです。

88 猫の未来を殺してはいけません

猫は何を望み、わたしたち人間は、猫に何を求めるのでしょうか。

猫は人間との関係を保ちつつ繁殖し、その遺伝子を伝えていくことを望むことでしょう。それは生物として当たり前の欲求だと思います。

猫が自ら不自然なものを食べたり、選択的な交配をさせられたり、売られたり買われたり、邪魔だといって殺されたりすることは望んでいないでしょう。人間とともに暮らし、子を産み育てること、そして自由であること、拘束されないことを望んでいると思います。

対して人間は、猫に糖質の入ったキャットフードを食べさせ、系統といって同品種の猫を交配させ、それを売り、それを買い、保健所で殺処分し、ケージに閉じこめています。

なぜか、ネコが当たり前に望むのと反対のことをしているようです。

いったいどうしてなのでしょうか。

それは猫が経済と家畜という枠内にはめこまれた動物であるからにほかなりません。その行為のすべてが法律に基づいていて、どこも違反してはいないからです。

しかしわたしたちはこのままで、猫の未来を守っていると言えるのでしょうか。人間は、猫の未来を守らなくては自分たちの未来もないであろうことを、歴史からも学んでいるはずです。猫は、疫病をもつネズミを獲ってくれるからです。

わたしたちは猫の未来を殺してはいないか、もう一度思考する必要があると思います。

この世界では戦闘も貧困も、差別も人権の侵害も飢餓もまだ存在します。それらは人が人に対して行う行為でありますが、それらの行為は同時に猫にも向けられています。そしてそれは、人が原因で起きているのです。

世界は個人の前では大きすぎてびくともしませんが、まちがいはいつか正さなくてはならず、その力を正しい方向に発揮するためにも、猫たちに起きていることを認識しなくてはなりません。

猫の好きな人たちだけでなく、猫に関心のない人も、猫が嫌いだという人も、子どもも大人も、女の人も男の人も、経営者も雇用者もすべての人が、猫に起こっていることを世界の縮図であると感じたら、猫と私たちの未来は殺されずにすむはずです。

あなた個人の未来だけを大切に思っても、それが幸福に繋がるわけではありません。あなたの猫のことを思うだけでは、猫の未来を案じたことにはなりません。

人間と猫が出会えていっしょに暮らせることは単なる奇跡ではありません。お互いが求めあい、努力しつづけることによって成しえてきた必然なのです。

あとがき

１９９５年にわたしが過ごしたカリフォルニア州オレンジ郡の猫を取りまく状況を思い出すと、すべてがシステム化された完璧なプログラムによって動いていたことがわかります。

猫を飼いたいと思ったら、人はアニマルシェルターに行きます。いまの日本のように猫を売っているところはありませんので、猫を手に入れたければアニマルシェルターしかありません。

アニマルシェルターは公的な機関で、郡や市が運営しています。日本の保健所と立場は似ていますが、イメージとしては犬や猫をもらってくるところという感じです。

飼い主になるには審査があって、職業や年収、家族構成などちょっと突っこんだところまで聞かれますが、ふつうの人なら大丈夫という判断がされます。

ほとんどのアニマルシェルターで避妊手術と去勢手術が義務化されていて、民間の病院で飼い主が行うことを約束させられます。

飼育方法は室内飼育が当たり前に推奨されます。かかりつけ医は、動物病院のほかに猫の専門病院も選択できる状況にあります。

食べるものはキャットフードです。まずこれ以外の選択肢はないといっていいでしょう。市販のキャットフード以外にも、動物病院には処方食という特別なキャットフードが用意されていて、獣医師は猫の状況によりチョイスします。

毎年ワクチンの接種をし、数年に1度デンタルケアをします。

ほとんどの猫は問題なく10年は過ごしますが、12〜13年を超える頃にはがんや腎不全の診断を受けるようになります。治療もしますが、最終的には病院で安楽死となり、飼い猫としての一生を終えます。

飼い主は猫とお別れをして、また次の猫をアニマルシェルターからもらいます。

文章にすると、このようなことが淡々と猫の飼い主にくり返されているということになります。このような環境のなかで猫の専門病院ができ、キャットドクターが誕生したわけなのですが、いまこのときから25年が経ち、わたし自身がキャットドクターとして感じていることは「キャットフードがキャットドクターをつくった」のではないかということです。

唐突な表現に聞こえることと思いますが、いまわたしたちが目にしている猫を取りまく環境、つまり「猫の近代化」はキャットフードが起こしたといっても過言ではありません。

キャットフードの誕生は人間の社会における加工食品の副産物であり、いま、加工食品に依存した人間の食生活から起きた健康問題が、ギュッと濃縮されて猫たちに起きています。

キャットフードを生涯にわたって食べつづけたことで起きたであろう健康の問題が、猫の寿命を縮めている可能性があるとするなら、わたしたち猫に関わった獣医師は、その原因を追求するための行動をしなければなりません。

キャットフードがつくったキャットドクターがキャットフード自体を精査することになろうとは、思いもよらないことでした。

しかし、これはキャットドクターに課せられたカルマのようなものととらえるべきです。キャットドクターは、冷静な自己否定のうえで猫の食を創生し、新しいキャットフードをつくり出す必要に迫られています。それは猫に寿命をまっとうさせるための手段であり、わたしたち人間の食生活をもよりよくさせるためのヒントにもなると考えています。
猫と人類が奇妙な関係で築いてきた食の文明は、いま新たなステージに入っていま
す。
人間と猫がともに病気にならず、寿命をまっとうできるようなライフスタイルを確
立することが本当の幸せであるとするなら、それが病のない生活という幸せの基礎の
上に成り立っていることに気づくことでしょう。
猫から生き方の秘訣を学びながら、猫も人も本当の幸せを獲得することを願いつつ、
最後の言葉にしたいと思います。

出版プロデュース：中野健彦（ブックリンケージ）
編集協力：竹石健／佐藤弘子（未来工房）

著者略歴

1962年、東京に生まれる。獣医師。北里大学獣医学部卒業。厚生省（現厚生労働省）厚生技官を経て、千葉県富山町（現南房総市）で動物病院を開業。94年米国カリフォルニア州アーバイン（当時。現在は移転）のネコ専門病院「THE CAT HOSPITAL」でネコに特化した医療を学ぶ。帰国後、東京・千駄ヶ谷にネコの専門病院「キャットホスピタル」を開業する。
著書には『ネコの真実』（中日新聞社）、『ネコともっと楽しく暮らす本』（三笠書房）、『愛するネコとの暮らし方』（講談社）、『痛快！ねこ学』（集英社インターナショナル）、『0才から2才のネコの育て方』（高橋書店）、『ネコが長生きする処方箋――専門医が教える本当の健康と幸せ』（東京新聞）などがある。

愛ネコにやってはいけない88の常識

二〇二一年一二月一〇日　第一刷発行

著者　南部美香
発行者　古屋信吾
発行所　株式会社さくら舎　http://www.sakurasha.com
東京都千代田区富士見一-二-一一　〒一〇二-〇〇七一
電話　営業　〇三-五二一一-六五三三　FAX　〇三-五二一一-六四八一
編集　〇三-五二一一-六四八〇
振替　〇〇一九〇-八-四〇二〇六〇

装画　宇野亞喜良
装丁　アルビレオ
本文イラスト　森崎達也（株式会社ウエイド）
本文DTP　山岸全（株式会社ウエイド）
印刷・製本　中央精版印刷株式会社

ISBN978-4-86581-322-7